JN293916

設計の科学

価値づくり設計

石井 浩介・飯野 謙次

共　著

養賢堂

まえがき

　この本は価値づくり，ものづくりに関する論理的・系統的手法をまとめたものである．というと堅苦しく聞こえる．いまから振り返ると，共筆者の一人，石井の 25 年前に所属した某重電メーカーでの設計経験が源流だといえる．発電制御，特に当時，発電システムへの付加価値として注目されていた計算機応用に従事していたが，設計プロセスがきわめてあいまいで後戻りややり直しが多かった．会社トップからの納期厳守の指示のもと，残業，残業で何とか出荷した．しかし現地での品質トラブル続出で工場つき設計者たち（石井ら）が客先で人質にとられ，何カ月もかけて何とか運転開始にこぎつける．そのような経験を繰り返すうちに，「もっとかっこよく設計を進め，お客様にスムーズに価値をお届けできる仕掛けは無いのか？」と思うようになった．

　中でも，幾多のプロジェクトで気がついたのは，設計仕様に真の価値が反映されていない場合が多いことである．「顧客とは誰なのか？（エンドユーザーだけではない）」，「それぞれの客に対しての価値の構造とは？（何が役に立つのか）」，「自社，自分の開発した新技術（たとえば計算機制御）でどのように価値を社会に届けられるのか？」，そして「その価値づくりに対してどのような報酬を受け，それをさらなる価値創造に繋げられるか？（ビジネスモデル）」

　特に日本では，設計・生産技術者は，上流の製品企画から降りてきた仕様を忠実に具現化する能力が重んじられてきた．欧米では技術屋にも上記の「価値の原点」を理解することが要求されていると思う．

　このような思想から，スタンフォード大学で師匠の 故 Philip Barkan 教授が始められた「価値づくり・ものづくり」の講座を引き継ぎ 14 年になる．しかし，スタンフォードの講座を受講できる人は限られている．このような考え方を日本の技術者に広めたく，共著者の飯野氏（私と同じくスタンフォードで博士号取得）と本稿を書き上げた次第である．今後，日本の設計・生産技術者が

グローバルに活躍し，価値づくりを通じて社会に貢献するために，わずかながらでもご参考になればと願っている．

　石井の古巣の重電メーカーおよびほかの様々な産業セクター(自動車，航空機，情報，半導体，医療など)の企業の方々の協力に感謝いたします．

2007 年 12 月　神奈川県逗子市にて

石井 浩介

目　次

プロローグ ·· 1

第 1 章　プロジェクトを成功に導く価値づくり設計入門

1.1　価値づくり設計入門 ·· 3
　　1.1.1　何を学ぼうとしているのか ···································· 3
　　1.1.2　価値づくり設計に関する最近の開発 ···························· 5
　　1.1.3　価値づくり設計が答えを導く ·································· 8
1.2　価値づくり設計による製品開発プロセスのロードマップ ················ 9
　　1.2.1　背　　景 ·· 9
　　1.2.2　製品開発のコンカレントプロセスの基礎 ······················· 11
　　1.2.3　本書の内容 ··· 12
　　1.2.4　考　　察 ··· 15
1.3　顧客価値連鎖分析 (CVCA) ·· 20
　　1.3.1　顧客価値連鎖分析の必要性と誕生 ····························· 20
　　1.3.2　CVCA の基本的手順 ·· 20
　　1.3.3　CVCA の例 ·· 22

第 2 章　競争に勝つための価値の認識と機能解析

2.1　価値工学概要 ··· 26
2.2　VE と製品開発サイクル ·· 26
2.3　価値の同定と要求機能の定義 ······································· 28
2.4　ブレーンストーミング法の利用 ····································· 31
2.5　機能解析の手法 ··· 32

第 3 章　顧客の声を有効利用する品質機能展開

3.1　顧客の声 ··· 37
　　3.1.1　顧客は誰か？ ··· 37
　　3.1.2　顧客を理解する ··· 38

3.2 品質機能展開（QFD） ……………………………………… 39
3.2.1 品質機能展開の背景 ……………………………………… 39
3.2.2 QFDの目的と構造 ……………………………………… 40
3.2.3 QFDの実際 — フェーズⅠ ……………………………… 41
3.2.4 品質機能展開の実際 — フェーズⅡ …………………… 45
3.2.5 QFDの実際 — フェーズⅢ, Ⅳ ………………………… 47
3.2.6 製品ベンチマーク ……………………………………… 47
3.2.7 QFDの品質 ……………………………………………… 49

第4章 製品定義 — 設計を成功させる要因

4.1 はじめに ……………………………………………………… 51
4.2 設計者と技術者の最前線 …………………………………… 51
4.3 製品定義の役割 ……………………………………………… 52
4.4 プロジェクト優先マトリックス …………………………… 56
4.5 設計者はどうすればよいか ………………………………… 59
4.6 製品定義アセスメントチェックリスト …………………… 60

第5章 製品のコスト，価値，そしてそれらから生まれる利益

5.1 ライフサイクルコストと機能価値 ………………………… 63
5.2 コスト解析 …………………………………………………… 64
5.3 パレートの法則 ……………………………………………… 67
5.4 コストワース比 ……………………………………………… 68

第6章 複雑系設計をどう扱うか

6.1 複雑系設計とは何か ………………………………………… 72
6.2 製品ライフサイクル評価の指標 …………………………… 73
6.3 DFAの基本的考え方 ………………………………………… 74
6.3.1 部品点数 ………………………………………………… 74
6.3.2 扱いやすさ ……………………………………………… 75
6.3.3 組付け …………………………………………………… 77
6.4 組立性の定量的評価 ………………………………………… 78

6.5	製造性設計	81
	6.5.1 射出成形の概略	82
	6.5.2 材料の選定	83
	6.5.3 形状に関する注意	84
	6.5.4 射出成形工程のコスト計算	86
	6.5.5 製造性設計のまとめ	87
6.6	その他の複雑系設計	87
	6.6.1 保守性のための設計	87
	6.6.2 サプライチェーンのための設計	89

第7章 スコアカード法－製品の成否を見極める

7.1	スコアカード法とは何か	92
7.2	製品開発のためのスコアカード法	93
	7.2.1 事業レベルの例：学校用マルチメディアプロジェクタ	94
	7.2.2 サブアセンブリレベルの例：マルチメディアプロジェクタ用光学レンズ枠最適化	94
	7.2.3 製品プラットフォームの例：ワークステーションシャーシの共通化	95
7.3	スコアカード法適用のキー	95
7.4	正味現在価値計算の実際	96

エピローグ：これからの価値づくり設計

E.1	多分野での新規価値を生み出す革新	100
E.2	無定形製品パーソナル化の動向	101
E.3	グローバルサプライチェーン上の製品構造とプラットフォーム設計	103

参考文献	104
あとがき	106
索　引	108

プロローグ

1985年，フィル・バーカン教授（Philip Barkan, 1925～1996年）は，スタンフォード大学で大学院生・社会人向け講座として『生産性設計（dfM：Design for Manufacturability）』を開設した．同講座は製造しやすい製品を設計することを主眼に始められたが，やがて生産性だけではなく，市場に工業製品を送り出すため，または企業としての立場から価値を生み出すための機械設計を考える統括的な講座に高められていった．国際的に有名になったこの講座は，1995年より石井浩介 スタンフォード大学 教授に引き継がれ，さらに社会的見地から設計者が生産と設計を考察する大学院生・社会人向け設計講座としてその高い水準が維持されている．この講座の受講により製品開発がおおいに改善されたと，ゼネラル・モーターズ（GM）社，フォード社，ヒューレット・パッカード（HP）社，ボーイング社を始め，多くの企業がその直接効果を報告している．

スタンフォード大学では，その開設当初の講座名"Design for Manufacturability"およびその省略形"dfM"を今でも使用しており，この呼び名は広く工業界に定着している．しかし，これを生産性設計と呼んでは，狭義の研究分野として誤解を招きかねないため，講座全体に流れる"価値を高める"ための設計を意識して"価値づくり設計"と名づけることにした．

スタンフォード大学で教えている価値づくり設計は，単に製品の製造性をよくするにとどまらず，企業により大きな利益をもたらす優良な商品を企画・開発・製造するための系統的手法を教えるものである．講義内容は次のとおりである．すなわち，顧客価値の分析，製造性のための設計をどのように考察し，さらに商品のライフサイクルをとおした価値を決定する信頼性，保守性，環境保護の各要因をどのように設計に反映させるかを教える．さらに，生産システム全体の設計について，価値づくり設計の観点から教えるものである．

この講座を受講することにより，工学者や経営者は，より効果的に，かつより早く優良な商品を設計し，生産システムを構築する手法やツールを修得することになる．価値づくり設計は，日本，ヨーロッパ，そしてアメリカの企業で

の実経験をもとに構成され，宇宙・航空，自動車，家電製品，コンピュータ，そして電子機器業界の支援を受けてきた研究成果をふんだんに取り入れている．

　スタンフォード大学の価値づくり設計講座には，通常の大学院講座のように教室に座っての受講と，企業単位で授業のインターネット配信により聴講する2形態がある．どちらの場合も，宿題や中間・期末テストに相当する発表がある．また講座では，数人のグループに実際の課題がプロジェクトとして与えられ，学習した各手法を自分たちの課題に適用して，講座終了までに解決を提案することになる．企業単位で受講する場合は，自分たちが抱えている問題をプロジェクトとすることができ，秘密性の高い課題であれば，中間・期末での発表は講師・助手のみを対象に行うことができる．個々に受講する学生には，毎年スポンサー企業によりプロジェクトが複数提供され，学生が気に入ったプロジェクトを選択してグループを形成し，課題に挑戦することになる．スポンサー企業は，学生グループの成果を自社製品やシステムに反映することができる．

　本書は，スタンフォード大学の価値づくり設計講座で使用している授業のスライド，宿題，配布資料をもとに編集した．講師の生の講義を聴講し，宿題を実際に提出して評価を受け，講師や講座助手と実際に意見交換を行う受講に比べると，実体験による学識の修得という意味ではかなわないが，時間や受講料の制約から，実際の受講が困難な人でも，この統括的設計の考え方を学習する機会を提供するものである．

　本書を手にとって価値づくり設計を自習する場合も，できれば学習グループを形成して自分たちのプロジェクトを設定し，設計や解析の手法を，本書を読み進めるのと並行してそれら手法を自分たちのプロジェクトに適用し，実践的な設計能力，評価能力を養うことが望ましい．

第1章 プロジェクトを成功に導く価値づくり設計入門

1.1 価値づくり設計入門

1.1.1 何を学ぼうとしているのか

"市場競争は，今までになく熾烈になっている － 開発チームは，優位な製品を最小の時間と低コストで開発を進めなければならず，さらにカスタマイズと頻繁なる改良が求められている"－ Philip Barkan（1995年）

スタンフォード大学で教えている価値づくり設計は，このフィリップ・バーカン教授が指摘した要求（しかも，それら要求が相反するものに一見思われるのだが）に対して答えを出すための系統立った手法を提供することを目的としている．単に，より製造がやりやすい製品をつくることだけではない．つまり，dfM の "M" は製造を意味するだけではなく，企画から廃棄まで，製品を生産すること全体を意味するマニュファクチャリングであり，価値づくり設計は，"商品開発のためのシステム工学"といってもよいものである．すなわち，価値づくり設計では，製造業により多くの利益をもたらす優良な商品を企画・開発・製造するための系統的手法を教える．

バーカン教授は，優位に立つための三つの要因を以下のように指摘した．

- 特長と機能
- 製品ライフサイクルコスト
- 時間（開発期間と製造サイクル）

本書では，これら要因について様々な視点から解説するが，特にライフサイクル品質（図1.1）について重点を置く．講義では，顧客価値の分析，製造性のための設計，さらに商品ライフサイクルの価値を決定する信頼性，保守性，環境保護について説明する．

（1）なぜ価値づくり設計が重要なのか

製品のライフサイクルコストは，少なくともその 80％が初期設計の段階で決定されていることはほとんどの企業が認めることである．革新的な工程制御

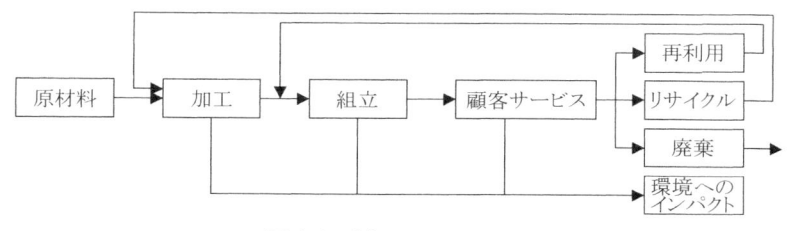

図1.1 製品ライフサイクル

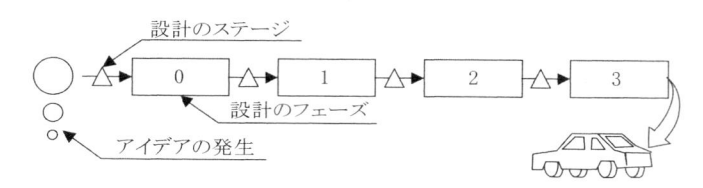

図1.2 GM社における製品開発の4ステージ

など，後からいくら設計に工夫を凝らしても，コスト削減は小さな効果しか得られない．成功する企業は，初期設計の段階で，仕組みとして組み込んだデザインレビュー(設計審査)で，製造や保守の技術者と設計者が意見を交わす伝統をうまく使って"ライフサイクルの最適化"を実現している(図1.2)．価値づくり設計を実行しない会社は，あっという間にその競争力を失ってしまう．この過程では非公式な，人をベースとした意見交換が効を奏する会社もあるが，大抵の会社では，仕組みとして様々な手法を適用して設計者が必要とされている価値を認識し，それらの調和を取ってよい設計を実行する必要がある．

(2) ヒューマンファクター

前述のように価値づくり設計は，製品開発に携わる複数グループの人たちの意見交換が要(かなめ)である．それらグループとは，企画・営業担当者，製造工程技術者，保守技術者，環境工学者，購買担当者，法律関係者などである．このチームワークのキーとなるのは，以下の三つである．

・ 上級管理職の優れたリーダーシップ
・ 人々の間の意見交換を促進するよくできた組織構造
・ 計画された一連のデザインレビュー

また，組織内の若い技術者に教育を行って，これらの概念を理解してもらうのも重要である．多くの日本企業では，今でも設計者に営業実習，価値工学実習，製造現場での実習や客先でのサービス対応などを経験させている．

(3) 系統立った仕組みがなぜ必要か

このように人間的要素が重要ではあるが，ライフサイクル設計のための系統立った仕組みを開発し，実践する必要がある．今日のメカトロシステム，コンピュータ技術，材料と新しい工程の開発によって，工業製品はますますその複雑さを増しており，経験とチームワークだけではもはや追いつかない．一人の設計技術者がプロセス工学のすべての面について熟知しているなどというのは，もはや不可能である．とりわけ，複合材料の成形やプラスチック材料工学は特に複雑になっている．

1.1.2 価値づくり設計に関する最近の開発

上述のニーズに応え，多くの企業では系統的手法を取り入れている．これら手法を以下に説明しよう．

(1) 組立性のための設計

BoothroydとDewhurst[1]による組立性設計(DFA：Design for Assembly)は，組立性設計の中で最も知られたものである．この手法はコンピュータプログラムになっている．設計者が製品の部品構成，部品の向き，組立時の部品の合わせ方などを入力すると，組立時間とその詳細，組立性の評価などが出力される．このほかによく知られた組立性設計には，SturgeとKilani[2]によるウェスティングハウス社の手法とMiyakawaら[3]による日立製作所とゼネラル・エレクトリック(GE)社の手法がある．

(2) 製造性のための設計

製造可能かどうか，また困難かどうかを評価する手法(DFP：Design for Producibility)には，プラスチック成形についての成果，Poliら[4]の手法がある．この自動評価では，部材の複雑さ，すなわちリブ，ボス，スナップ，切欠きといった形状要素の数と各形状の向きが重要な要因となる．それらによって，金型の引抜き方向の数が決まるからである．Poliら[4]の手法によって，金型と治具のコストを概念設計の段階で見積もることができる．こういった手法は，や

がて CAD（Computer Aided Design：コンピュータ支援設計）に取り込まれていった．

Dixon[5]は，設計の修正に人工知能を適用することに成功した．この手法では，設計者が CAD を用いて進める設計を常時監視し，設計ルールと照らし合わせている．そして，設計ルールに違反する形状が生成されたら，その理由と修正を設計者に提示する．

ロバスト設計でも，部材の設計に注目した Taguchi[6]に端を発し，多くの手法が生み出されたが，ゼロにはできないノイズ，すなわち製造誤差や工程条件の ばらつきがあっても全体機能が損なわれない設計（ロバスト設計）を目指している．

(3) その他の設計手法

製造者責任が続く期間全体を考えるライフサイクル設計も注目された．工業製品の保有品質は，保証に関わるコストのみならず，市場での商品イメージや消費者の再購買心理に影響する．Birolini[7]による信頼性設計や Ormsby ら[8]の不具合影響解析（FMEA）などは，設計の問題点を洗い出すのに適用される代表的手法である．しかしながら，技術者は，信頼性だけではなく，保守のしやすさや保証期間中の損傷対応まで考える必要があり，Gershenson と Ishii[9]による保守性のための設計（DFS：Design for Serviceability）が保有品質を高める手法として注目を浴びた．

近年は，環境を守る設計と製造に関する成果が多く発表された．ライフサイクル評価（LCA：Life Cycle Assessment）は，製品に起因する環境への負荷を特定する手法を広くいう．米国環境保護庁（EPA：Environmental Protection Agency）発行の文書[10]では，素材の購入から製品の廃棄まで，全エネルギー使用量と汚染の度合いに関するライフサイクルの問題を解説している．LCA は，製品の機能を損なわないで，その製品の生産・使用，そして廃棄に至る全過程をとおして，環境への影響を最小限に抑えることを目指す．いままでのところ，LCA はリサイクル飲料容器や紙おむつといった，ほぼ単一の材料でできた製品を対象にしている．自動車や家電製品といった複雑な製品では，設計者自身が LCA を評価するには時間がかかりすぎるためである．Allenby[11]が環境のた

めの設計(DFE : Design for Environment)で知られているが，様々な環境問題を各ライフサイクルのステージで解説している．ただし，この手法は定性的な議論にとどまり，設計の初期段階に適用できるものの，ヨーロッパの返品に関する法令や日本のリサイクル性に関する法令のほうが具体的な指針を示しているといえよう．一方，製品の使用終了のための設計(DFPR : Design for Product Retirement)に関する研究(Burke ら[12] Marks ら[13])も多い．ここでのキーは，製品の寿命が過ぎた後に，それをどのように利用するかを最初の製品の設計時に考えることである．

前述の各手法は，すべて工学設計に有用である．図1.3 に，設計のどの段階(縦軸)で適用するか，また製品のライフサイクル(横軸)のどこのことを考えているのかによって各手法をプロットしている．Alting [14]がいったように，ライフサイクル設計には，これら手法がすべて必要になる．しかしながら，全手法から得られる結果を組み合わせることは容易ではない．Hauser と Clausing [15]による品質機能展開(QFD : Quality Function Deployment)は，顧客要求，機能仕様，製品設計，工程特性に関係を持たせるのに力を発揮する．QFD を使用することにより，設計チームはうまく設計をまとめることができるが，より定量的な手法があれば，さらによい設計につながる．

しかし，産業界でのこれら手法の適用を見ていると，どうもバラバラに各手法を使っているようである．本書では，これら手法を組み合わせながら適用す

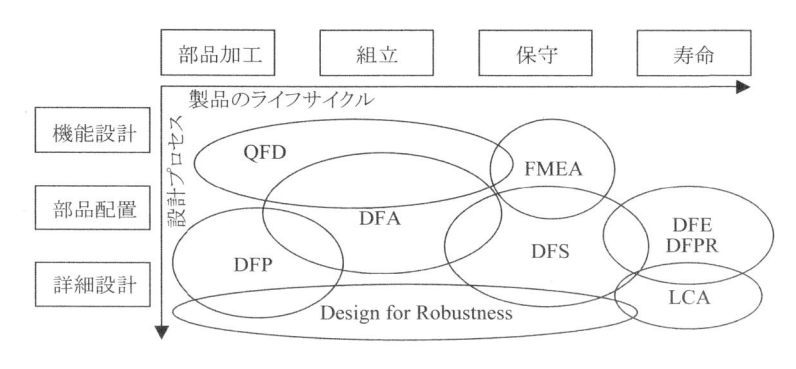

図1.3 ライフサイクル生産

ることを学ぶ．『金槌だけで家を建てることはできない．道具箱一式と，どの道具をどの場面で使うかの知識を持ち合わせていないといけない』というわけである．

1.1.3 価値づくり設計が答えを導く

スタンフォード大学で教えている価値づくり設計は，これら各系統的手法を教えるだけでなく，製品開発の中でどのように組み合わせるかを教える．まずは，徹底的にユーザーの価値を定義づけ，QFDやそのほかの機能解析を行ってその価値がどう製品や製造仕様として解釈されるかを示す．機能設計は，コストがどこで大きくなっているかを同定し，信頼性設計を実現する．ここでは，講座プロジェクトの果たす役割が大きい．

価値づくり設計の前半では，優れた製品開発のためのキーポイントを教える．また，講座で取得する以下の手法にプロジェクトをとおした製品開発に適用し，改善の方向を見きわめ，総合的製品定義を行う．

- 顧客価値のチェーン解析，機能解析，価値工学
- 製品定義とコンカレントエンジニアリング
- 顧客の声を聞く，品質機能展開，ベンチマーク
- コスト要因の同定，コスト対価値解析
- 組立性のための設計
- 製品シリーズのための設計と製品構造
- 工程と材料の選定
- 生産のための設計と工程解析
- 保有品質と不具合影響解析
- 保守性のための設計
- 環境のための設計
- アイデアの発生：形態素解析

価値づくり設計の後半では，製品の信頼性，ロバスト性，品質に注目し，また前半で定義した製品を実現するには，設計や製造工程をどう改良するかを系統的手法を適用して考える．プロジェクトでは，製品が世界市場で通用するための改善を考える．この成果は，新規設計のための統括的企画書と仕様書の作成

である．
- 製品定義のための手法の復習，プロトタイプの作成
- 概念設計の選定：ピューの手法
- 設計による品質実現の基本
- ロバスト性のための設計：設計の最適化
- 実験計画と田口メソッド
- 統計的工程管理とシックスシグマ
- 品質のスコアカード
- 工程 FMEA とポカ避け
- 製造誤差と製造性のための設計
- 製品試験とラピッドプロトタイピング

これら豊富な内容を前半，後半それぞれ3カ月の講座で教えるわけであるが，本書では，全体を理解するために欠かせないトピックに絞って解説する．

- コンカレントプロセス概説
- 製品定義
- コスト解析
- スコアカード法
- 顧客価値連鎖分析 (CVCA)
- 価値工学
- 品質機能展開 (QFD)

また，各論の例として組立性設計と製造性設計について紹介する．

1.2 価値づくり設計による製品開発プロセスのロードマップ

1.2.1 背　景

本節は，バーカン教授が生産性設計の講座開設に当たり，その動機づけを説明した回顧録を編集し，まとめたものである．価値づくり設計にも引き継がれ，そのまま適用できる講座の背景説明である．

バーカン教授がまだ製品開発に携わっていた頃，腕が立つと評判の設計者がやってきて顔をしかめながらいった，

「優れた設計を実現するのは本当に難しいよ．製品設計で解決しなきゃいけない問題が1万個あったとするよ．そして，1個だけ残して設計チームは9 999個の問題を完璧に解決した．でも，お客や上司が聞きたがるのは，その解決で

きなかった1個の問題だけだよ」

　今日の競争社会では，世界市場でしのぎを削ったベストの製品が簡単に手に入る．すなわちどの会社も，優れた製品をつくらざるを得ない状況にあるといえよう．

　先の設計者が挙げた1万個の要求事項は様々であり，見る人によって姿が変わり，しかし奥深いところでは，互いに絡み合ったものだった．**表**1.1に示すように，これら要因は見る人によってずいぶん変わるものである．消費者の見方は，企業の製造部門技術者とは重要な点で違っている．そして，これら二つの違った見方は，設計チームやその製品が生産され使用されている社会の見方ともそれぞれまた違っている．

表 1.1　製品の重要ファクターに対する様々な捉え方

	消費者	製造元	設計者	社会
品質	第一印象 経験した品質 使いやすい 安全 満足 ロバスト性 信頼性	業界をリード 利益 市場シェア シェアの伸び 低コスト 先端技術	顧客の満足 優位性 多様性 製造可性 製造と使用のロバスト性 不良率 耐久性	社会安全 生活向上 見た目
価値	特長の価値 価値>>競合	投資効果 将来製品につながる 企業イメージ、利益	付加価値、開発費 多様性 売値、製造コスト	社会の利益・コスト
コスト	買値 使用コスト 保守費用 廃棄コスト ライフコスト	投資 製品保有コスト 在庫コスト 在庫流動性 返品率 保証修理費	開発費 材料・工数 工学の再利用 技術革新 改造・廃棄 製造費	社会へのコスト 法律整備のコスト リサイクルのためのコスト 廃棄コスト
特長	機能 適用範囲 多様性	製品ライン 他社製品より優位 機能多彩 低価格オプション	製品のバラエティ 機能のバラエティ	環境適合性
時間	発注から入手まで 流行 稼働率	利益還元までの時間 市場ライフ JIT生産	長続きする需要 市場投入までの時間	分解時間 流行

これらの要求事項に見合った製品をつくり出すことは恐ろしく困難であり，それは開発チームの責任となる．チームの努力が中心となるものの，製品開発が成功するか否かはその周りの協力によるところが大きい．さらに，解決しなければならない問題は山のようにあり，ちょっとした工夫や山勘では決して解が得られるものではない．顧客に満足してもらうためには，管理，企画，整理，設計，製造，保守，営業を含めた組織全体の努力を総括的，かつ柔軟に取りまとめる製品開発の進め方が必要なのである．

このような目的を持って進められた最近の開発は，組織の努力を効率よく包括し，結果として優れた製品を生み出す手法によるものである．雑多な要求を取りまとめてベストの結果を生み出す手法を探した結果，製品開発のコンカレントプロセス(同時処理)と呼ばれる手法が生まれた．個々の工業製品については，効率的な一般的手法があることが証明されたわけである．世界の中で大成功を納めた製品には，この製品開発のコンカレントプロセスに多少の修正を施し，着目点を変えたりしながら，適用してきたものが多い．本書の原点はこの手法である．

1.2.2 製品開発のコンカレントプロセスの基礎

製品開発のコンカレントプロセスの基盤は，以下の四つの要因がタイミングよく統合されることにある(図 1.4)．

- 聡明な経営陣
- 物理的，人材的リソースが優位にあること
- 周到に用意された製品計画
- 徹底的なプロジェクトの実行

製品の成功は，組織に対して長期的展望と方向を示すことができる優秀な経営陣がいなければできないことは自明である．経営陣は，ハイテク製品にとって不可欠な長期的な研究開発による技術力，優れた人材，そして物理的な場所を提供しなければならない．経営陣がかもし出す空気は，開発チームがやる気になるものでなければならない．経営陣が企業文化をつくり出す．すなわち，個々の要素をくっつける接着剤の役割であり，個々人を集めて強力な生産性機能に変換する拠り所である．優れた経営者とは，製品開発に広範な経験があり，

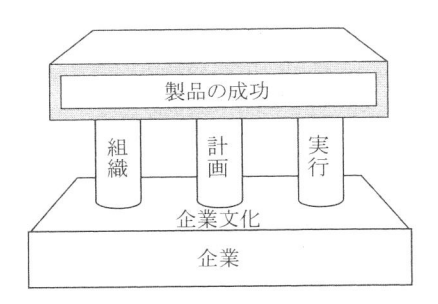

図1.4 優れた 製品開発プログラムの柱

強いリーダーシップと人に対する理解を併せ持ち，正しい判断をするための技術的ベースを持つ人である．聡明な経営陣があって初めて製品開発チームは成功できるのである．

1.2.3 本書の内容

(1) 概　要

本書は，技術の実践に携わる人，すなわち優れた製品の創造，企画，設計，製造を行う人が学習するためのものである．その目的は，世界市場で通用する製品開発に必要な広範囲にわたる様々な知識を必要とする製品開発の工程を，各グループの視野の中でとらえ，包括的な実践経験を体得することである．本書が教える範囲は市場分析に始まり，製品計画，製品開発，性能試験と製造計画までを含む．中心となるテーマは集約・包括的な実経験である．本書の内容は，読者が実際の課題に構造的手法を適用できるようにし，さらに自ら学習を進める基礎を教えることである．読者は，様々な機能的手法に触れることによって，製品開発チームの一員としての役割を効果的に果たすにはどうすればよいかを広い視野で学ぶことになる．このため，長期研究，経営，経理，人材配置，中核技術の開発，リソースと資本などといった重要であるが製品開発に直接関わるわけではないものについては，深く教えるものではない．

本書は，プロトタイプとベンチマークによる速習をとおした周到な計画をたてることを学ぶのには最適である．また，構造的な複数の手法を理論的に適用する系統だったプロセスをとおして，すばやく開発する勝者の理論を教え，また大量生産ではない工業製品にも共通の手法を教える．構造的手法は，まず本

文で説明され，次いで宿題で体験，そして前半・後半をとおして行うプロジェクトで実際の課題に適用される．また，プロジェクトに適用することにより，本書の包括的手法が，個々の手法の結果を踏まえて，最終的にはそれらの単なる積重ねを上回る結果を生み出すことを経験する．

(2) **スタンフォード大学での講座におけるプロジェクトの内容**（参考）

スタンフォード大学での講座前半では，主にプロジェクトの計画について学ぶ．前半終了時には，プロジェクトの周囲や市場状況を分析して，製品の改良について方向が定まる．構造的手法をプロジェクトに適用することによって，競合も含めていま市場に何があるか，自分たちの製品の特長と問題，市場は何を欲し，何を好むか，そして，自分たちの製品をどう改良できるか，さらにどのような代替案があるかを見きわめる．この分析により，講座前半では，より優れた製品，すなわち製品の定義が得られる．この定義とは，表 1.1 で見た様々な視点から来る広範な問題と様々な要求を認識した文書である．前半の課

表 1.2　プロジェクト前半の内容

＜前半＞チーム結成，状況分析と製品定義
まず，問題となる課題を選定し，分野の違う人からなり，自ら方向づけをしていくチームを決定する．そして，次にいくつかの構造的手法を適用して，以下の問題を認識するための状況分析を行う． ・顧客のニーズとライフサイクルについての可能性の検討 ・競合製品の特長と問題点 ・既存技術の再適用と再考による改良の効果 ・新しいやり方や基本方針 これらの状況分析は，より優れた商品，そして包括的な製品定義につながる．

表 1.3　プロジェクト後半の内容

＜後半＞新規製品開発
前半の成果をもとに，講座チームは新規概念を模索する．できれば，概念の証明をとおして，さらなる知見を得，より優れた製品や製品群の開発につながるような製品定義の改良を行う．選択手法を適用して，さらなる開発に値するベスト概念を得，機能，性能，試験に関する段階的，コンカレントな集約的評価を行う．これらは，表 1.1 の視点に沿った世界市場に通用する製品開発を，一般的ルールや構造的手法により支援するものである．

題を表1.2にまとめる．

表1.3はスタンフォード大学での講座後半の概要である．後半では，より優れた製品の創造を中心とする．前半での新規概念から得られた知見により，製品定義が変わるので，後半での課題はある程度の柔軟性を持たせている．製品定義と概念創造の関係を図1.5に示す．

表1.3に示したように，後半では，構造的手法を論理的な順番で適用することによってすべての重要なニーズをうまくバランスして新製品の概念を導く．設計がその定義に合っていることを示す試験と，将来の方向への提言を行ってプロジェクトは終了する．

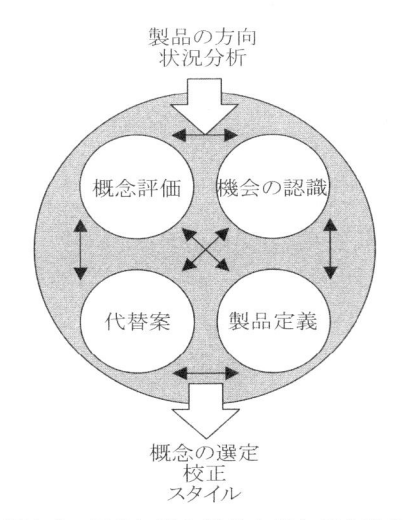

図1.5 同時に進む製品定義と概念設計

本書は主に前半で教える内容を中心に構成した．ただし，プロジェクトの最終評価に必要なスコアカード法については後半から本書の中に含めた．そのほか本書に含めることができなかった各手法についても今後出版していく予定である．

（3）構造的手法を適用することについて

構造的手法の適用と周到な立案を製品設計の経験者に説明すると，決まってその効果を信じてもらえないことが多い．つまり，以下のような反論が挙がる．

- そのような計画は時間がかかりすぎる

  そんなことはまったくなく，周到に計画をすることによって，総合的な時間が縮まるだけでなく，より優れた製品ができる．

- 構造的手法によって技術革新が阻害される

  これもまた，間違った考えである．構造的手法によって失敗の確率が減り，見落としが減り，経験による利益が最大限に利用される．また，顧客の利益を目指した革新に注目するので，設計者は革新をやりやすくなる．

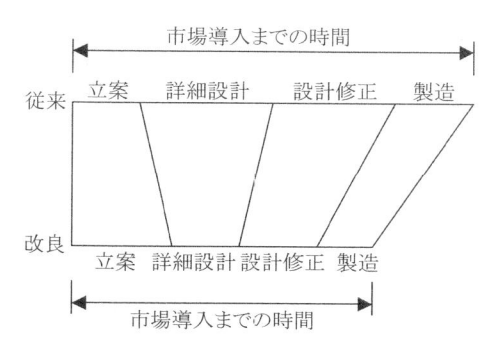

図1.6 初期計画に費やした時間が総合的に開発期間を短縮する

1.2.4 考　察

(1) 初期段階に時間を費やして全体の時間を短縮する

設計者がよくはまる落とし穴は，早く前に進もうとする気持ちである．すなわち，最初に思いついた良さそうなアイデアに飛びつき，そこで概念の追求をやめ，結果として間違った方向に進むことである．立案や設計の段階は非常に重要であるばかりでなく，後の工程に与える影響が大きい．計画の段階や手順に従った設計で費やした時間と努力が，品質向上に大きく貢献し，プロジェクト完了に至る時間，費やすリソース，製品開発・製造費用を節約する．

図1.6に示すように，プロジェクトが予定時間内に終わらない場合，ほとんどの理由は慌てて詳細設計に入るためである．このとき大抵悪いのは，よく見える結果を急がせる管理職である．最初の見落としのため，修正に予定外の時間がかかって初めて現実を見ることになる．きちんと計画に時間をかけていれば，非常に長い無駄な時間や，多くの工数は避け得るものである．さらに，後から問題を修正するために行う付加設計は，後に機能の縮小や修正，性能試験のやり直しにつながりやすい．周到な計画は，時間を短縮するだけではなく，より優れた製品を生み，時間とコストを削減する．

(2) コンカレントプロセスでの製品計画

コンカレントプロセスの最大の利点は，早期に各機能の主な問題点を発見し，優先順位に応じて最適な解決を素早く見出すことである．製品開発の初期段階

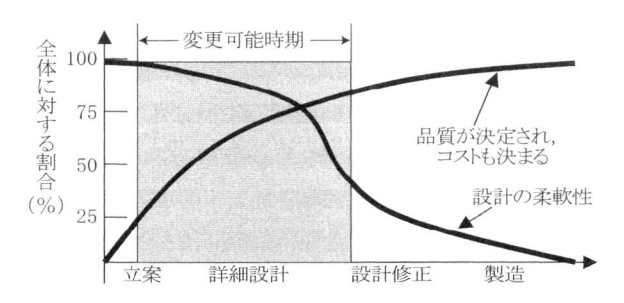

図1.7 世界に通用する製品を創造するための変更可能時期

では，広範囲にわたる主な要求事項を認識し，どのようにバランスを取るかを見きわめる必要がある．図1.7に変更可能時期を示す．変更可能時期というのは，複数の要求事項に対して，最適に近い解を求めて，設計工程がまだ柔軟に変更し得る場面のことである．この変更可能時期は，素早い学習と適合の時でもある．初期計画の段階で，市場と既存製品や自分たちのチャンスを徹底的に知ることもできる．しかし，様々な設計概念の評価と具体化をとおして，さらに学習を進めるので製品定義は決定的ではない．このため，ほかの選択肢も考え，評価する必要がある．情報が集まるに従い，新たな洞察を得て認識が変わることもあり，製品定義がさらに優れたものになっていく．

図1.8に示すように，新製品の全体コストに対して計画にかかる費用は小さいものの，製品に対する影響度は大きい．計画と設計の初期段階で，その後の費用は大体決まる．生産が近づくに従い，使用する経費も大きくなる．生産に先立って，すべての要素が正しいことが決定的となる．そして，一旦生産に

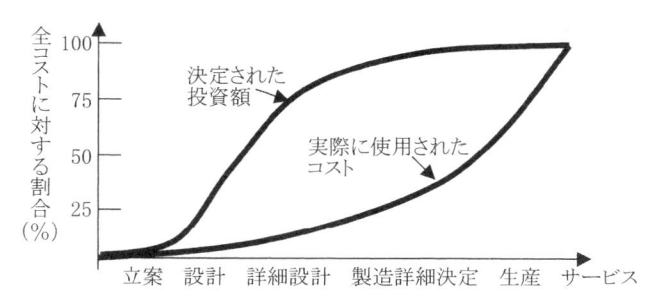

図1.8 計画と概念設計が全体コストに与える影響

入ったら，大きな変更がないようにしないといけない．

計画と概念設計の終了に伴い，その製品を世に出すために必要な資本は，それまでにかかった経費とは比べものにならないほど大きい．優れた製品を素早く市場導入しようというとき，最初の計画が後に大きな影響を持つことは自明であるものの，なかなかそう信じて進めないのが現実である．中間管理層は，計画と概念設計に十分な時間と工数をかけることができない．初期段階では目に見えるものがなく，さらに上層に報告できることがほとんどないため，ついつい苛立ってしまう．このため，上層部は新しいプロセスの実行に関する計画については，十分な時間をかけることの重要性を認識しなければならない．時間をかけて周到に計画を行うことで，大きなコスト削減が実現できるのである．

それは，すなわち以下の利点による．

- 無駄な作業や非効率性の排除
- 既存の設計や，製造設備の再利用
- 顧客が製品に持つイメージを高める最重要点の改良に注力できる
- 過去の経験を十分に活かす
- よい設計に素早くたどり着く
- 明解な目的と関係者の相互理解
- 後の変更数を減らし，それらの影響度を小さくする

1980年代初期，自動車産業のある調査で，系統だった手法と注意深い計画

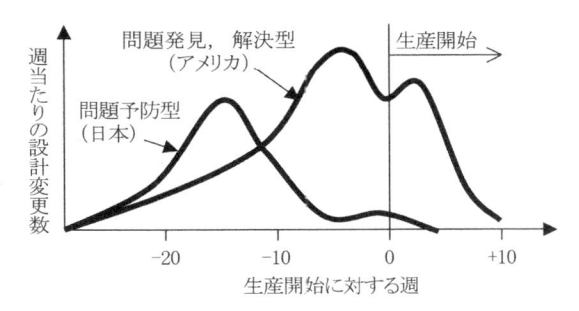

図 1.9　自動車産業における設計変更の数（バーカン教授のME317講義ノートより，1992年スタンフォード大学）

を行う日本企業と，アメリカ企業の特長でもある適当なやり方が比較された．**図1.9**に示すように，よりよい計画を持った日本企業は開始も早く，設計変更は初期段階で実現し，変更数も少なく，早く生産にこぎ付け，製品自体も優れていた．現在では，アメリカでも計画，工程，実行がよくなって状況は大きく変わった．この比較研究に学ぶところは大きい．

（3）製品開発工程のまとめ

ここまで，複雑なテーマについて簡単に紹介した．本書では，重要な概念をいくつか教えるが，すべてを教えるわけではない．理想的な製品をつくり出す理想的な手法は，いまだ世に出ていない．本書の手法は，繰返しと再定義によって常に改良を目指すものである．このやり方をとおして得られるものは多く，これを無視して将来はない．**表1.4**には，製品実現に必要な工程を網羅し，それらに対応して行う系統的手法を示す．

表1.4 プロジェクト実現の工程と適用する系統的手法

予備手順	
・継続的研究開発 ・継続的市場調査と競合調査 ・継続的主要工程の開発	・技術確立 ・技術と製品の動向調査 ・新規技術の開発

計画段階－情報収集	
企業戦略としてのゴール 市場分析 　・製品ニッチの同定 　・製品の市場での位置づけ（革新的，基盤技術，派生技術の別） 　・製品成熟度の評価 既存 　・競合製品との比較 　・性能，制約，ロバスト性 　・機能解析 　・バリュー（価値）分析 　・プロセス（工程）分析 　・組立性分析 　・修正と欠陥分析 　・不具合影響解析・保守性分析	消費者 　・顧客分析 　・顧客の要望を知る 　・使用者のニーズを知る 　・品質機能展開 使用可能技術の評価 リスク解析 コンプライアンス 　・環境保護の制約 　・リサイクル，再利用 　・安全

計画―アクションプランの作成

製品計画工程の結果
- 市場チャンスの同定
- 製品ビジョン
- 製品群構造
- 製品定義文書(製品仕様書)
- 製品実現の優先順位
- 競合優位性の視点
- 機能仕様の目標・主な顧客ニーズ・希望
- 主な製品の特長
- 重要なパラメータ
- 基盤技術
- 必要なリソース
- 製品サイクル時間短縮の方法
- 目標品質
- 製品開発計画

プロジェクト実践

アイデアの発生
- 形状分析・設計

入力
- 製品定義
- 主要要求事項と優先順位
- 優れた設計の主要原理
- ベンチマーク(競合比較)
- 機能解析
- コスト削減のための設計
- 工程のための設計
- 柔軟性,モジュラー性,製品群の構造

出力
- ベスト候補概念
- 製品のキーとなる特長

アイデアの選択
- ビューの分析のその応用

入力
- キーとなる選択基準と性能評価
- ラピッドプロトタイピングとモデル化
- 機能解析とバリュー解析
- 組立性と保守性解析
- 不具合影響解析
- リスク解析とロバスト性解析

出力
- サブアセンブリ代替案評価
- ベストサブアセンブリの統合
- システム評価
- より好ましい概念の認識
- 製品のキーとなる特長

設計審査 ― 基準と概念

製品開発

詳細設計
- キーとなる部品の特性
- 工程選択,製造上の問題
- モトローラ社のシックスシグマ
- 材料選定
- ロバスト性と性能の最適化
- パラメータ設計
- 許容値設計
- コンフォーマンス品質のキーとなる特性
- 複雑性と欠陥
- 設計審査
- プロトタイピング
- 試験,耐性試験,加速寿命試験
- 品質管理
- 目標値に対する確認
- 統計的問題
- 製造管理
- 重要項目特性
- 不良原因
- 生産計画
- 梱包,流通の問題
- 環境への配慮
- 社会的責任

設計審査

1.3 顧客価値連鎖分析(CVCA)

1.3.1 顧客価値連鎖分析の必要性と誕生

顧客価値連鎖分析(CVCA：Customer Value Chain Analysis)は，製品や工程の開発において，決定権者や中間業者をはっきりさせ，誰が購入を決定するのか，複雑な市場の構造と各業者との関係を明確にするという効用がある．製品開発のプロは，新製品や新しい工程の開発において，あらゆる顧客（カスタマ）に高いバリュー（価値）を提供するには，製品定義が重要であるという．イーデス・ウィルソン(Edith Wilson)は，決定権者に対するバリューの提案，特に顧客のニーズを間違って理解するのが，製品開発において最も頻繁に見られる失敗の理由だという．今日のように，世界中のパートナーたちと協調しながら製品開発を，素早く，かつ最先端の技術を持って進めるとき，技術者や管理職にある者はプロジェクトに関与する決定権者や，顧客の関連，また各業者にとってのバリューを効率よく理解するツールを必要とする．

CVCA は，石井による価値づくり設計の講座をとおして開発された決定権者のバリューを同定するための手法である．1996 年，イーデス・ウィルソンが製品定義の講義で心電図モニタの例を説明していたとき，CVCA ツールのニーズが明らかになった．その後，価値づくり設計の講座で，韓国の LG 電子，日立製作所，東芝などでの実践をとおして，CVCA は簡単なカスタマ構造の手書きスケッチから，決定権者のバリューを詳細に分析するグラフツールに発展した．本節では，現在の CVCA を定義し，それをどう使うか事例をいくつか見る．

1.3.2 CVCA の基本的手順

CVCA は，新製品や新しい工程の開発の初期段階に適用するものである．この解析を製品定義の初期段階で適用し，その結果は後の品質機能展開(QFD)や，不具合影響解析(FMEA)に利用される．CVCA は，様々な職種の人と上位の管理職をチームに含めて行うとよい．基本的なステップは，以下のとおりである．

(1) これから開発しようとする製品に関連する業者をすべて挙げる

　　決定権者，顧客，事業パートナー，規格団体など．
(2) 以下の流れから，これら業者間の関係を明らかにする

　　① 金銭や，資本(この流れは¥マークで示す)

　　② 物品：機械，材料，サービス，情報など(適切なアイコンで示す)

　　③ クレーム，規格の影響，投票など(！マークで示す)

　　注記：ほとんどの場合，¥や！は，何らかの物品と交換になることが多いが，必ずしもそうとは限らない(これら例外が，関連業者間に内在する関係を表すので非常に面白いのだが)．
(3) できたCVCA図から以下問いを考える

　　① プロジェクト全体をとおして，重要なカスタマは誰か

　　　・自分自身の立場から¥と！をトレースしてみる

　　② これら業者にとってバリューは何か

　　　・個々のブロックへの¥と！，それにほかの入出力を見る

　　　・それらがどのように金銭に変わるか，ほかの利益があるか

　　③ これら情報から顧客の声(VOC：Voice of the Customer)を構築する

　　④ ！の流れ，特にクレームからマイナスの顧客の声を見つける

　　　・自分自身の立場から¥と！をトレースしてみる．
(4) これら情報を製品定義評価に使用する

　　① CVCAは製品定義評価チェックリストに必要

　　② CVCAの結果から，パートナーとマネージャが必要となる部分を見つけ出す

　　③ 創出される価値に魅力がなければ，プロジェクト全体のキャンセルも考える
(5) CVCAの結果は，今後の開発工程で利用する

　　① 品質機能展開では，顧客の声を反映する

　　② 不具合影響解析では，マイナスの顧客の声を利用して欠陥のない製品開発につなげる

1.3.3 CVCAの例

本項では，CVCAの例を見よう．

（1） 自動車部品メーカー

最初の例は，GM社の組立工場に内装部品を納めている自動車部品メーカー United Technology Automotive (UTA) 社の例である（図1.10）．以下の点に注目しよう．

- 金銭（¥）とクレーム（！）の流れに注目する
- 主要カスタマはGM社の組立工場である．このため，UTA社では，この組立工場の管理者や作業員の声を設計に反映することが重要事項となる．
- 二次的なカスタマとして，サービス部品組織やほかのOEM (Original Equipment Manufacturer) メーカーがある

（2） 医療用モニタ機器

次の例は，CVCAを生み出すきっかけとなった，HP社の心電モニタである．CVCAを怠った当初の事業の思惑は，心臓機能に心配がある患者の心電をモ

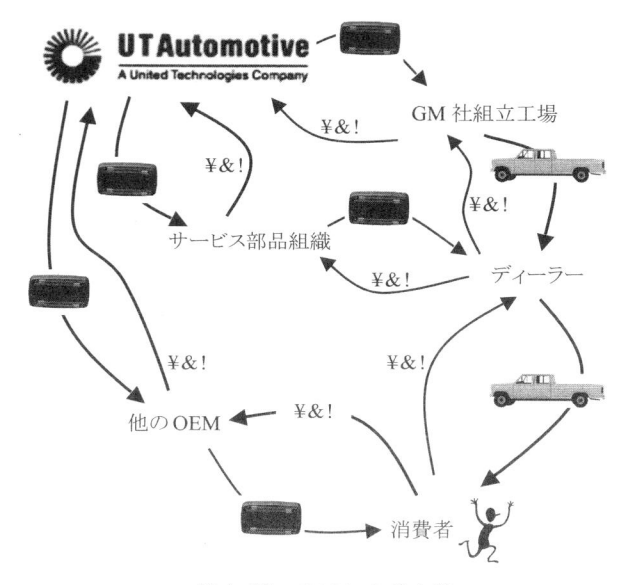

図1.10 CVCAの前と後

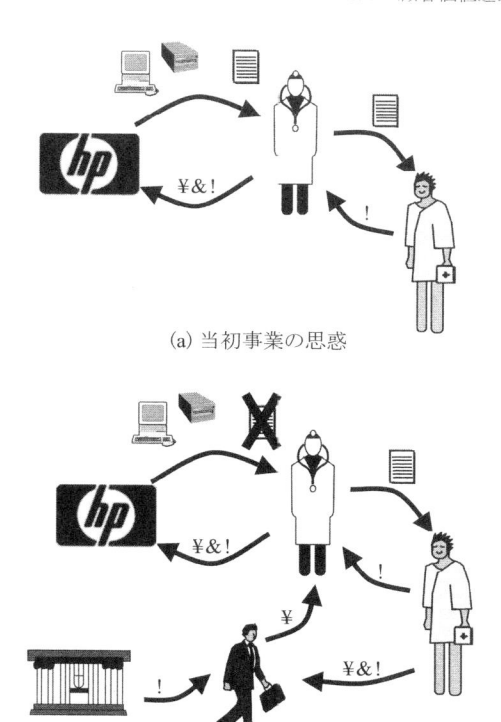

(a) 当初事業の思惑

(b) CVCA をしてみると

図 1.11　CVCA の前と後

ニタし，蓄積されたデータを，AI 技術を駆使して自動解析し，診断書を自動的に出力するという画期的なものであった．この時のビジネスモデルをそのまま CVCA に表現すると，図 1.11(a) のようになる．HP 社としては，モニタと自動診断システムにパソコン，プリンタもつけて大きな売上が得られると目論んだわけである．

しかし，その後，事業は失敗，新製品は売れなかった．反省してみると，様々な要因が浮彫りになった．すなわち，以下のとおりである．

- 医者は，診断をするのが自分の仕事だと思っており，機械に取って替わられたくない．
- このような医療機器は，医者がその代金を自分で支払うだけではなく，

保険業者が医者に払戻しをする．
・保険業者は，保険会社本社や FDA（食品医薬品局）などの指導のもと，払戻しをする対象を決めている．

HP 社製品は，保険対象外となり，高価なものとして，市場競争力がまったくなかった．CVCA を行っておけば，医者が本当は何を必要としているか十分に把握し，保険会社や保健医療規格制定機関への働きかけをもっと積極的に行っていたことだろう．これは製品が技術的に優れているからといって，市場で優位に立てるわけではないことを如実に示した実例といえる．

（3） ペースメーカー

最後の例は，ペースメーカー製造販売業者，聖ジュードメディカル（St. Jude Medical）の例である（図 1.12）．

HP 社の心電モニタの CVCA に対し，さらに特許事務所が加わって複雑さが増している．

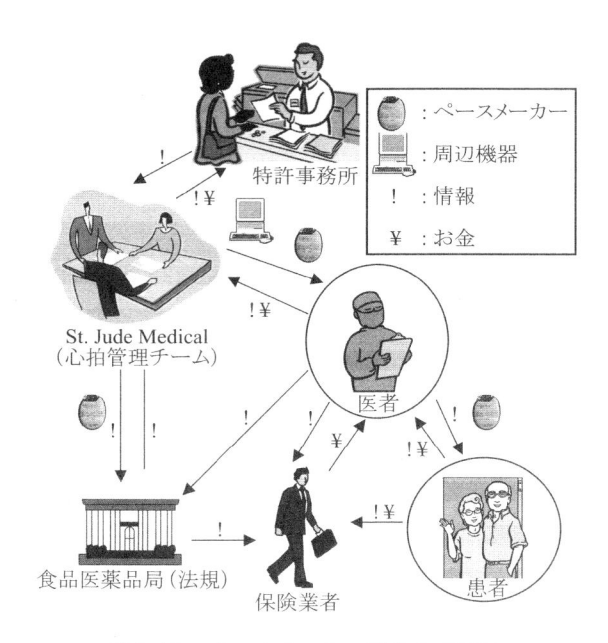

図1.12 ペースメーカー業者の CVCA

1.3 顧客価値連鎖分析(CVCA)

【演習】

清涼飲料水の自動販売機メーカー(図1.13)のCVCAをしよう．以下の点に注意すること．

- 機械を操作するのは誰か．機械はどこに据えつけるか．
- 消費者は誰にクレームをつけるだろうか．
- 清涼飲料水を機械に供給するのは誰か．集金は誰がするか．

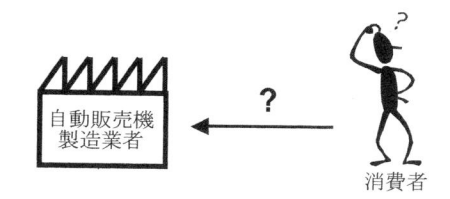

図1.13　清涼飲料水自動販売機メーカーとCVCA

第2章 競争に勝つための価値の認識と機能解析

2.1 価値工学概要

　価値工学(VE : Value Engineering)は，設計チームが目標や設計解候補など，製品開発の各段階において系統的に見直す手法である．この手法において最も重要なのは，製品の企画から廃棄までのライフタイムバリュー(生涯価値)である．設計者は製品開発の最初の段階から製品に求められる必要価値を同定し，設計の中にその価値を盛り込まなければならない．製品の価値は，機能，性能，見た目，製造性，携帯性，組立性，検査性，保守性，信頼性など様々である．ゴールは目標とする製品がすべての必要価値を包含，あるいは適切な組み合わせを持った上で，かつライフタイムコストを最小にする設計である．

　設計要求は相反するバリューを要求することが多く，そのため，企画・設計・製造・検査・品質管理・現場など，その製品に関わる様々な人を集めてVE評価を行うのがよい．グループを構成し，設計審査会(デザインレビュー)や任意の会合でVEの手法を適用すればよいわけである．

　本章で紹介する手法は，日本企業で多く採用されてきたVEの手法をさらに発展させたものである．教材はスタンフォード大学とオハイオ州立大学での講座，それにアップル社，GM社，デジタル・イクップメント・コーポレーション(DEC)，Toledo Scale社といった企業でのワークショップをとおしてアメリカ向けに修正している．本節では，この10年間で開発されてきたVE手法のうち，主なものについて製品の開発サイクルを取り上げながら各ステージに適用する手法を紹介する．

2.2 VEと製品開発サイクル

　表2.1に，製品開発の各段階でVEの各手法をどうやって効果的に利用できるかを示す．理想的には，設計者が自ら，企画・研究開発・設計・製造・検査・品質管理の各工程に携わる人たち，さらに現場技師・製品利用者を招待し

表 2.1 製品開発サイクルでの VE の適用

	VE 解析手法		重要点
市場ニーズ 機能仕様 概念設計	バリューグラフ 機能設計	(何):要求機能とバリューは (なぜ):その機能が必要か (どのように):その機能を実現するか	課題定義文 概念
レイアウト	機能設計	(なぜ):その機能が必要か (どのように):設計改善できるか	方法 概念
詳細設計	コスト－価値解析	(なぜ):その機能が必要か (どのように):改善すれば製造しやすいか	製造製,組立性, 検査,保守性, 規格適合性
試作品試験 設計改訂 製品設計	統括的解析と審査	(なぜ):そのように機能実現するか (どのように):改良すればライフタイムコストを下げられるか	製造製,品質, 信頼性,保守性, 自動化

て審査チームを構成するのがよい．表に示すように設計の各段階でチーム会議を開催し，その時々に応じた手法を適用してバリュー審査をするとよい．各段階では，それぞれ違った VE 手法が適用される．

(1) 製品バリューの同定と機能仕様の設定

この段階においては，開発する製品に要求される主要価値，そして二次的価値を同定することである．すなわち，機能，見た目，環境への影響に優先順位をつけることである．これらを見きわめた後，設計者は課題文を設定し，そこから機能仕様を導かねばならない．当講座で開発されたバリューグラフは，こういった価値の同定に効果的かつ便利な手法である．

(2) 初期概念の発生

基本的な価値を同定し，機能仕様と制約事項を設定した後，概念設計に取り掛かる．VE 技法の一つで機能解析(Functional Analysis)と呼ばれる手法がここでは有用である．設計者は，この手法を使って AND/OR グラフを作成し，主要・二次価値がどのように概念設計で具現化されているかを図示することができる．機能仕様や設計の制約事項を同じグラフに記入しておくと，各制約が概

念設計のどのサブアセンブリや部品に影響を及ぼしているかがわかりやすい．この結果，得られる図を機能設計図(Functional Design Diagram)，あるいは機能ブロック図(FBD: Functional Block Diagram)と呼ぶ．この図は，各バリューがどのように取り扱われているか，あるいは設計改良でほかの解決案を考えるときに大変役に立つ．

(3) レイアウト設計，詳細設計，そして既存設計の審査

ここでは，VE チームは機能設計図を利用して，製品の構成要素のうち改良の余地がある部分を見つけ出す．設計者は，手順化した方式，もしくは自分の経験をもとにして製品やその要素の相対的価値(内在価値と生涯コスト)を評価しなければならない．相対的価値が低いとみなされる部品やサブアセンブリについては，機能設計図をもとに代替案を考え，製品全体の価値を高める．

2.3 価値の同定と要求機能の定義

製品開発の最重要項目の一つに，基本的な目標を見定めた上で，最も効果的なレベルで問題解決を行うことがある．設計者は，往々にして下位レベルの問題に頭を悩ましてしまうことが多い．その問題を"なぜ"解決しなければいけ

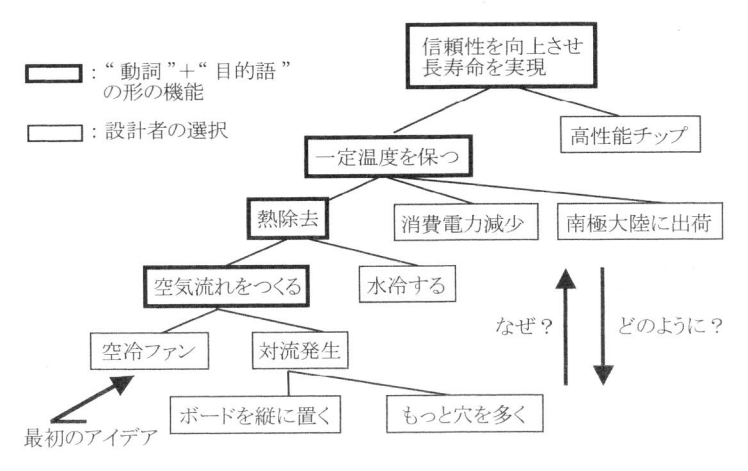

図 2.1 製品価値と目的の考察(1987 年，アップル社での討議をもとに作成)

ないかを考えることにより，上位の目的を導き出し，その上位の目的を満たすための方法を模索することで創造的な別の方法が見つかることがある．

図 2.1 に，アップル社で，ある設計チームが"空冷ファン"の価値を討議していたとき，目標を一段ずつ上位に上げたものを示す．製品，サブアセンブリ，部品，部品機能の目的を見直すことにより，真の目的と要求機能を明白にすることができる．同時に，それぞれのレベルで様々な違った選択肢を考え出すこともできるわけである．

図 2.1 に示した 1987 年の"空冷ファン"に関する討論から，製品の価値と要求機能を見つけ出すプロセスを方向づけ，記録するツールとして"バリューグラフ"が開発された．このバリューグラフを"概念の発生と選択"に利用することもできる．**図 2.2** は，簡単なヘアドライヤを例にとって，そのバリューグラフを示す．ここでは，このドライヤを"石井ドライヤ"と呼ぼう．ここで，

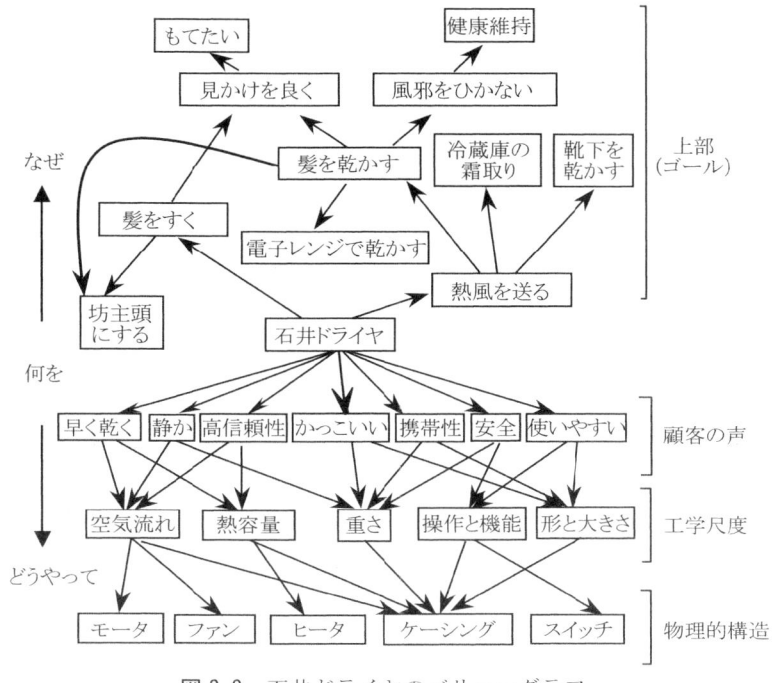

図 2.2 石井ドライヤのバリューグラフ

まず聞かなければいけない質問は，"人は，なぜこの石井ドライヤを買うのか"ということである．"なぜ"という質問を繰り返すことにより，ユーザーのバリュー，すなわち価値を構造的に示すバリューグラフの上半分ができあがる．

これら，基本的な価値を踏まえた上で，"この装置にどんな価値（もしくは品質），すなわち何を組み込むことができるだろう"そして，"これら価値をどうやって実現できるだろう"と考えるのである．ここで，"何を"と考えることによって，製品に必要な，"携帯性がよい"，"かっこいい"，"静か"，"使いやすい"といった品質がわかると同時に，"早く乾く"といった主要なる要求機能もはっきりする．"どうやって"という問いに対しては，これら品質を実現するための具体的な手段が与えられなければならない．設計者は，"どの機能が要求された品質を実現し，その効果はどういった工学尺度で測られるか"を考えることで具体的な手段を同定することができる．そして，さらに"どの部品，材質，構成によって要求された品質を実現できるか"を問うのである．設計者は，"何を"と"どうやって"を繰り返してバリューグラフの下半分を構築しながら，"何を"の部分と"どうやって"の部分を関連づけるのがよい．これにより，基本的な要求機能が，すべて品質を提供する部品や，具体的あるいは仮の解決を与えられることを確認する．

バリューグラフは，製品開発の第一ステップである．このグラフを作成するには，様々な部門から人を招いて行うのがよい．たとえば，営業，研究，設計，製造，購買，品質管理，現場のサービスマンなどである．このグラフ自体はすぐ設計の役に立たないかも知れないが，これを作成することで製品の要求機能をはっきりさせ，より正確な仕様書を作成することができる．また，バリューグラフは，すでに市場に出回っている製品に適用しても，基本的な価値を再認識することで，新たな設計改良のアイデアが浮かぶことがあり有用である．

慣れてくると，製品からバリューグラフがすぐつくれるようになるが，初めのうちはなかなか適切な言葉が浮かばない．また，既存製品の分析は比較的簡単であるが，新しい開発となるとバリューグラフを作成すること自体が概念設計の重要課題であり，うんうんと唸ることになる．このようなときに役に立つのが次項に開設するブレーンストーミング法である．

2.4 ブレーンストーミング法の利用

構造的ブレーンストーミングの手法に，京都大学 川喜多二郎 教授が発案した KJ 法がある．ブレーンストーミングとは，いままで気がつかなかった根本的な機能要求の勘違いを見出したり，機能を実現するための新しいアイデアを発生させたりするのに有効な脳の活性化手段の一つである．通常のブレーンストーミングは，以下の要領で進められる．

(1) 製品の機能，部品，性能，背景など頭に浮かんだことを何でも書きとどめる

このとき，人がいったことに対して批評はしない．突拍子もない言葉が出てもとりあえず書きとどめる．まったく関係ないことでも，そこから考えが飛躍し，よいアイデアが浮かぶことがある．ただし，目標とする機能や製品から発想がずれたまま，どんどん進んで戻りそうもないときは無理やり戻すことも必要である．

板書は，一見有効そうだが，後から整理するときに各項目を再度書かなければならなくなる．大きめの付箋が有効だ．

書取り専門の人が 1 人とモデレータ (進行役) 1 人．この 2 人もアイデアを出すとして，4 人から 6 人のグループでセッションを行うのが最適条件だろう．モデレータは，ブレーンストーミングの経験がある人がよい．

(2) 書き留めた言葉をグループ分けする

もちろん，二つ以上のグループに属する項目，どのグループにも属さない項

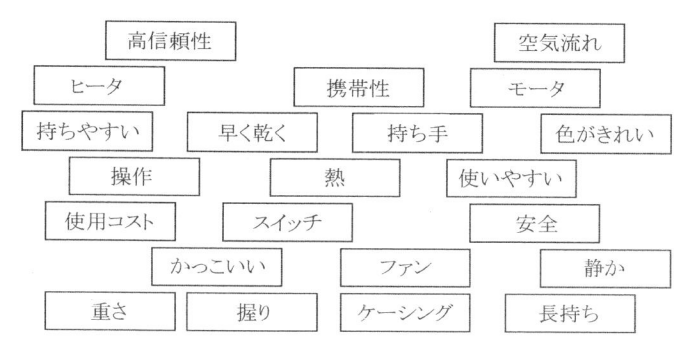

図 2.3 頭に浮かぶ言葉を片っ端から書きとどめる

32   第2章 競争に勝つための価値の認識と機能解析

```
    機能           人工工学          見た目
           早く乾く      静か         色鮮やか
                    使いやすい
  高信頼性    持ちやすい   携帯性    かっこいい
     長持ち          安全          使用コスト
```

```
  操作      熱       ファン   ヒータ   モータ
     重さ           スイッチ        持ち手
  握り  空気流れ          ケーシング
```

    製品の特長   構造上の属性

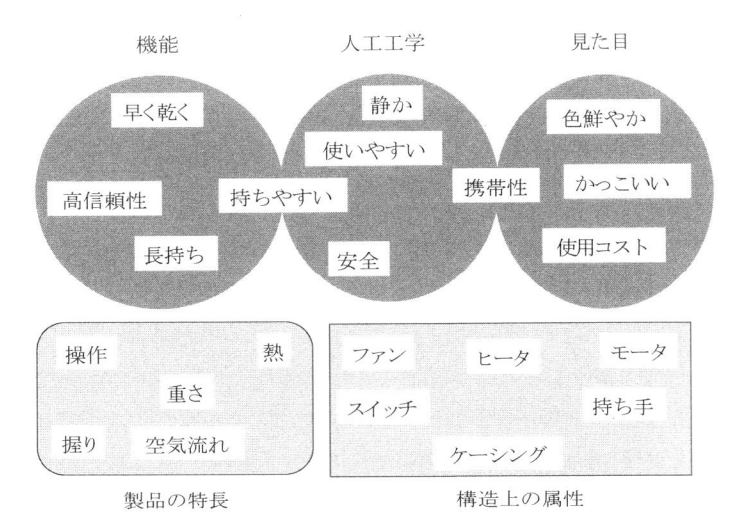

図 2.4 項目をグループに分ける

目もある．また，このグループ分け作業の間にも新しい項目を思いつくことが多々あり，それらは破棄しないで追加していく．図 2.3 で浮かんだ言葉をグループ分けしたのが 図 2.4 である．

ここまでブレーンストーミングがまとまると，図 2.2 のバリューグラフとの関連が見えてくる．図 2.4 のグループで，"機能"，"人間工学"，"見た目"に入れた項目が 図 2.2 の顧客の声に対応している．そして，"製品の特長"が工学尺度，すなわち上位の"どうやって"の項目に，"構造上の属性"がより具体的な"物理的構造"に対応している．図 2.4 から 図 2.2 のバリューグラフを導くには，"なぜ"，"どうやって"の質問を繰り返しながら関連する項目を線で結んでいけばよい．

2.5 機能解析の手法

前項までで，価値工学の紹介とバリューグラフのつくり方を説明した．ブレーンストーミングによる KJ 図を構造化したものがバリューグラフであることを述べた．本項では，さらにこれを構造化して，後述の品質機能展開，コスト・価値解析，不具合影響解析への入力となる機能解析について述べる．

機能解析は，以下の3段階から構成される．

(1) 製品分析—構造の木を作成する
(2) 機能分析—機能の木を作成する
(3) 機能と構造を対応させる

これまで教材としてきた"石井ドライヤ"の構造を 図2.5 に簡単に示す．

この機械を適度の詳細まで，構造を見ながら分解する．"適度"というのは，ねじの1本1本やスイッチの中のスプリングや接点まで分解する必要はないということである．図2.6に，その結果を示す．

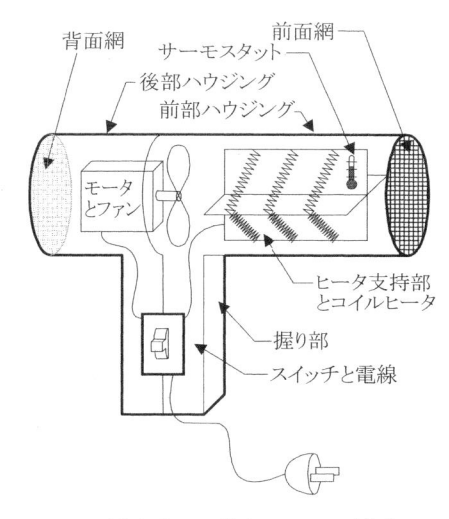

図2.5 石井ドライヤの構成

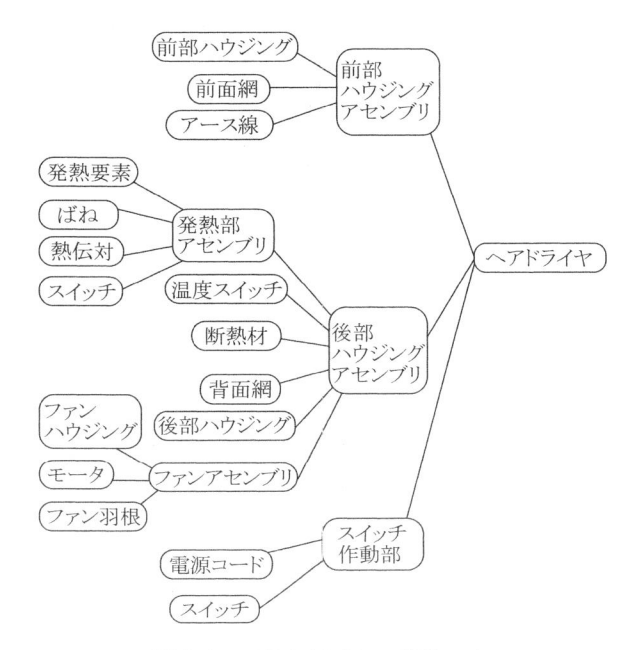

図2.6 石井ドライヤの構造の木

次にこのドライヤの機能分析を行う．図 2.2 のバリューグラフの"顧客の声"と，図 2.4 の KJ 図の"機能"，"人間工学"，"見た目"の各項目が機能要素になるが，それぞれがどういう上位の機能を満たすための機能であるかを考える．なお，図 2.2 のバリューグラフ上部の各機能は，アイデア創出のフェーズで考えた代替機能なので，そのほとんどは機能分析で作成する機能の木には取り込まれない．この機能の木は，すでに具体的な機能実現手段が決まっていて，その機能を分析するものである．**図 2.7** に石井ドライヤの機能の木を示す．

この機能の木の要素は，『他動詞＋目的語』の形になっていることに注意する必要がある．そしてこの木は，左に向かうとき"なぜ"と問いかけ，右に向かうとき"どのように"と考えることである．右に向かうときに"どのように"と考え，代替手段を発生できるのは，バリューグラフを下向きに辿るときと同じである．

最後に図 2.6 の構造の木と図 2.7 の機能の木を合わせて"機能・構造対応図"

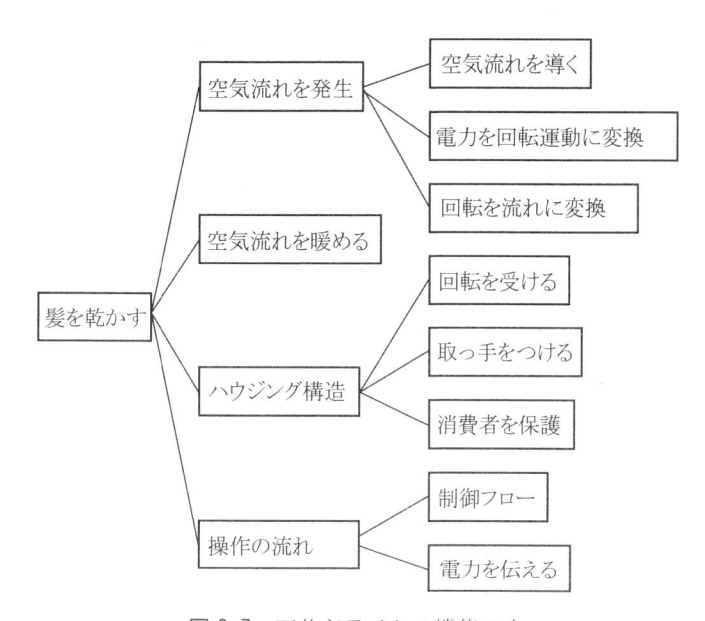

図 2.7 石井ドライヤの機能の木

2.5 機能解析の手法　35

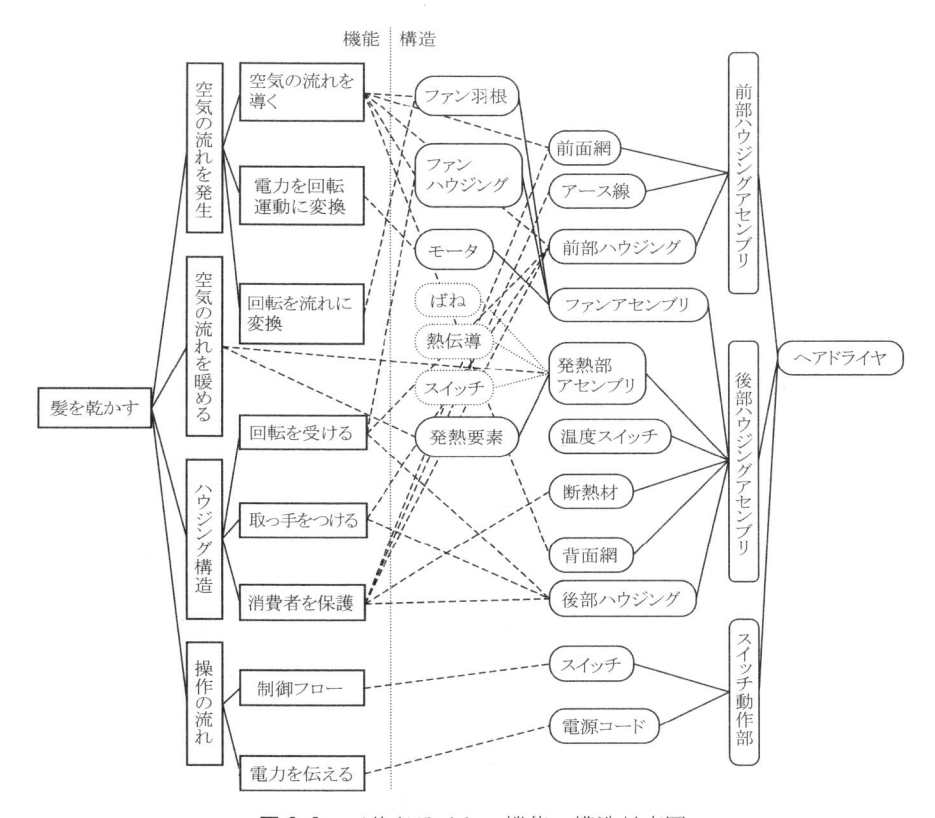

図 2.8 石井ドライヤの機能・構造対応図

をつくる．それぞれの末端要素を組み合わせる形で，すなわち，構造の木の末端構造は，機能の木のどの末端機能を満足しているのか，逆にいえば，末端機能はどの末端構造で実現されているかを考え，対応を破線で結ぶのである．図2.8に，石井ドライヤの機能・構造対応図を示す．

【演習】
(1) 市販の缶切りについて，以下の VE 手法を適用しよう．
- CVCA
- バリューグラフを構築．どの機能が重要か優先順位をつける．

(2) 二つの違ったタイプの缶切りを購入し，それぞれについて，以下課題を適用しよう．
- 人に見せて何かわかるようにスケッチをする．
- 構造の木，機能の木，機能・構造対応図を作成する．

第3章　顧客の声を有効利用する品質機能展開

3.1　顧客の声

　どんな製品やサービスでも，それらに対する顧客の捕え方で成否が決まる．たとえどのような優れた技術を応用していても，それが顧客のニーズに合わないものであれば，いずれ失敗に終わる．企業は，いろいろな手段でこれらニーズを収集しようとする（顧客インタビュー，市場調査・観察，あるいは共同研究など）．本章では，顧客の声（VOC：Voice Of the Customer）を集めるときに，特に注意しなければならないことについていくつか解説する．市場調査や顧客のニーズを収集する手法は非常に多く，本章でそれらすべてをカバーするものではない．顧客のニーズを収集するのに基本的な考え方を学んでいただければよい．

3.1.1　顧客は誰か？

　最初に決めなければならないのは，目標とする最終的なターゲット市場はどれかということである．子供向けか大人向けか，持家所有者か賃貸マンション入居者か，コンピュータの専門家か初心者か，市場はアメリカ向けかヨーロッパ向けかなどである．それらを見定めた上で，今度はサプライチェーンの中にも顧客はいないかを考える．すなわち，製品を購入するか否かに関し，影響する決定をなすのは誰かということである．設計チームが開発した製品を小売業者や卸売業者が気に入らなかったら，最終ユーザーに販売する大事な業者が欠けてしまい，大きな売上は望めない．もっとも，いまではインターネットポータルサイトという最終ユーザーに売り込むための新しい形態があるが，これがどこまで伸びるか，従来の小売業者を介した販売をしのぐのか，まだ何年か待たなければわからない．いまのところは，小売業者や卸売業者といったプレーヤーも顧客として捕らえ，そのニーズを考える必要がある．1.3節の顧客価値連鎖分析（CVCA）を思い出していただきたい．

3.1.2 顧客を理解する

世界市場に通用する製品を開発するには，ターゲットとする顧客をよく理解する必要がある．顧客を完全に理解することにより，顧客のニーズに見合う，あるいは越える製品を開発する確率が格段に高まる．結合分析(Conjoint Analysis)，アンケート調査，レパートリーグリッド法(Repertory Grid Technique)などのマーケティングツールにより，定性的傾向はある程度把握できるが，それでは不十分である．

図 3.1 は，バーチル(Burchill)[16] による顧客ニーズ解明の手法を示している．縦軸にユーザーとのやり取りを，上にあるほどユーザーの時間を多く費やしてしまうことを示している．横軸は実際の使用状況との距離，すなわち左にあるほど現場の実情より遠くなってしまう．

手っ取り早い手法には，アンケート調査やインタビューなどがある．訪問インタビューやユーザーが製品を使用した直後のインタビューなどは，使用者環境との距離は近い．しかし，インタビューやアンケートを受ける側からすると，それに費やされる時間に対する何らかの報酬がないと，丁寧に各問いに答えるよりも，早く終わらせたいという心理が働くため，なかなか真の反応を得られないことに注意しなければならない．

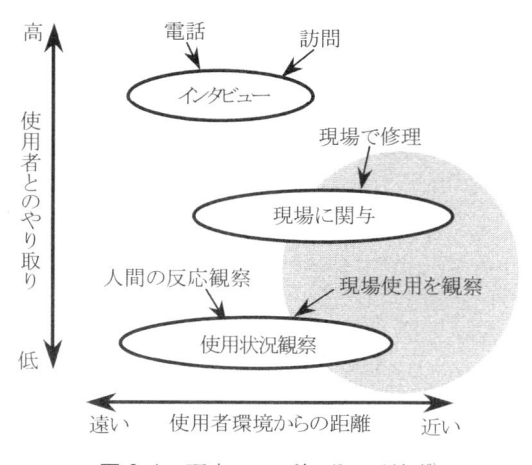

図 3.1 顧客ニーズ解明の手法 [16]

特に，製品開発の方向づけに重要で，好意的な反応というのは，インタビューなどで収集するのは難しい．逆に，不平や不満(ネガティブフィードバック)は，特に使用者が嫌な経験をした直後に克明に記されることが多い．飛行機が機器故障のため，予定どおりに離陸できず滑走路で待機しているときに，空き時間を使ってアンケートを取ることを想定してみたら，ネガティブフィードバックを得る絶好の機会であることは自明であろう．

これら，使用者の時間や使用状況に影響を与えてしまう方法に対して，データの正確性が増すのは，使用者とのやり取りがほとんどない"観察"という方法である．これは，その機会を得るのが困難であり，製品によってはまったくないこともある．しかし，使用状況を観察できるものであれば，これほど正確な顧客の声が取れるフィードバックはない．特に現場での使用を観察できることが理想的である．

3.2 品質機能展開(QFD)

3.2.1 品質機能展開の背景

品質機能展開(QFD：Quality Function Deployment)は，1971年，三菱重工神戸造船所で開発された手法である．1980年代，トヨタで顧客の価値を追及する目的に適用され，マサチューセッツ工科大学(MIT)のドン・クロージング(Don Clausing)教授らによってアメリカに紹介されると，ゼロックス社などのアメリカ企業に取り入れられ，1980年代，組立性設計(DFA：Design For Assembly)と共に，アメリカ企業がその競争力を取り戻す原動力となった．世界で共通に使われるQFDとは，『品質機能展開』をそのまま英語に直訳したQuality Function Deploymentの頭文字を取ったものである．

QFDの目的は顧客の声を聞き，解釈して製品開発の目標に置き換えることである．ハウザーとクロージング(Hauser and Clausing)[15]によると，QFDは図3.2に示すように，品質定義，部品開発，工程計画，生産計画の4段階からなる．

ここで注意することは，たとえば，図3.2左端の品質定義の家で，"顧客の声"と"工学尺度"と書いてあるのは，どちらもベクトルであるということで

図 3.2　品質の家

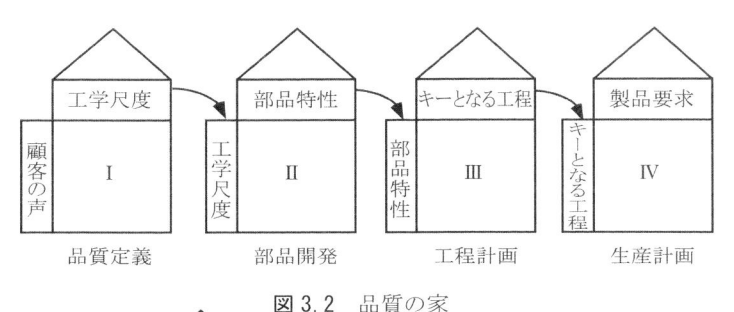

図 3.3　品質定義の家，顧客の声が三つ，工学尺度が四つの場合

ある．たとえば，簡単のため，三つの要素からなる顧客の声が，四つの要素からなる工学的尺度で定義されるなら，品質定義の家は図3.3のようになる．

すなわち，図3.2に示す"顧客の声"，"工学尺度"，"部品特性"，"キーとなる工程"，"製品要求"は，それぞれ複数要素を持つベクトルであり，Ⅰ，Ⅱ，Ⅲ，Ⅳは，それぞれのベクトル間の関係を定量的に表すマトリックスである．

3.2.2　QFDの目的と構造

QFDは，商品開発グループの目的，商品の各構成要素の重要度構成とグループ内の役割分担を明確にする．QFDの目的と効果は，以下のとおりである．

(1) グループの目標を明確にする

QFDにより，開発グループ内のメンバーが同一の目的意識を持ち，何が大事で，何が副次的なものか，認識を共有することによって開発プロセスを円滑に進めることができる．

(2) 大量のデータ整理を容易にする

複雑に絡み合った開発要因を整理し，グループ全員が決定工程を共有し，その情報を1カ所にまとめておくことができる．

(3) 製品の開発履歴を記録する

各 QFD のマトリックスが変更されるたびに，古いバージョンも記録することで，製品開発の履歴を記録することができる．

3.2.3　QFD の実際 — フェーズ I

第 2 章では，顧客にとってのバリュー，すなわち価値は，何かを解析するために VE を用いて顧客の声を考え，"どうやって"と考察を進めて工学尺度を評価した．図 2.2 では，石井ドライヤのバリューグラフを示した．顧客の声が 7 項目，工学尺度が 5 項目あるが，顧客の声の"使いやすい"を"持ちやすい"と"操作が簡単"の 2 項目に分け，さらに新しい顧客の声として"使用料が安い"を加える．さらに工学尺度の"重さ"は"重量"と"バランス"に分け，工学尺度として評価しにくい"操作と機能"，"形と大きさ"は，"人間工学テスト"をとおして評価することにする．図 3.4 は，こうして構築した品

顧客要求	顧客にとっての重み	空気の流れ	空気温度	バランス(トルク)	重量	人間工学テスト
早く乾く	9	9	9			
操作が安全	3	1	9	3		3
持ちやすい	9		3	9	1	
静か	3	3				9
長持ち	3	1	1		9	1
かっこいい	3					1
使用料が安い	3	3	3			
持ち運びに便利	1				3	1
操作が簡単	1			3		

図 3.4　石井ドライヤに関する品質定義の家

質定義の家である.

図3.4には,各要素間の相関を示す数字が入っている.これらを次に説明しよう.一番左の列は,各顧客要求の顧客にとっての重みである.ここに入れる数字は,以下三つのうちのどれかである.

9：非常に重要である

3：重要である

1：少し重要である

右側,マトリックス部に入る数字は,対応する工学尺度が,左側顧客要求にどの程度影響するか,以下の四つから選ぶ.0が選択されるときは省略する.

9：非常に影響する

3：影響する

1：少し影響する

0：影響しない

図3.4を見てみると,たとえば,"持ちやすい"という要求は,顧客にとって重要な要求事項であり,それは,"バランス"に大いに影響される.さらに,ハウジングが熱くなり過ぎては持ちにくいので,"空気温度"にも影響される."重量"もバランスほどではないが,持ちやすさに影響する.しかし,"空気流れ"や"人間工学テスト"には影響を受けない項目である.

この品質定義の家は,第2章で解説したバリューグラフと密接な関係がある.すなわち,図3.5に示すように,バリューグラフで"顧客の声(要求)"と"工学尺度"は,それぞれ品質の家の左側と屋根の下に対応する.バリューグラフでは,これら二つの要素間を結んでいた矢印群は,単に定性的なつながりを示していたが,品質の家のマトリックス定義は,これら矢印を定量化したものにほかならない.

品質定義の家の各マトリックス要素がすべて決まると,これらから,各工学尺度の相対的重要度が以下のように計算される.

$$T_j = \sum_{i=1}^{n} R_i \cdot E_{ij} \tag{3.1}$$

品質定義の家から,顧客にとっての i 番目の要求の重要度 R_i と,j 番目の工

3.2 品質機能展開(QFD)　43

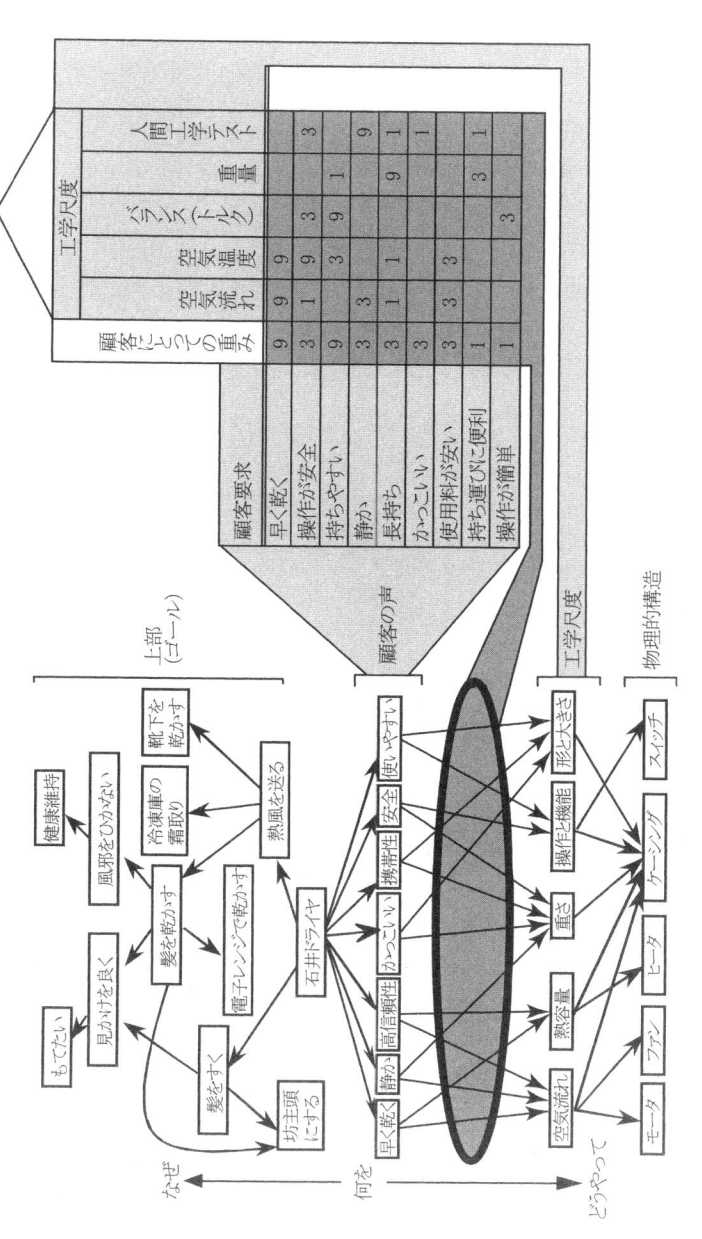

図 3.5　バリューグラフと品質定義の家の関係

学尺度の顧客要求 i に対する影響度 (E_{ij}) から，各工学尺度 (j) の製品定義に対する得点 T_j が求められる．

こうして各工学尺度の得点を計算すると図3.6に示すようになる．同図では，さらに得点を正規化して相対重みとしている．顧客要求を考えると，石井ドライヤでは，空気温度が最も重要で，その次は空気流量である．つまり，ドライヤ本来の髪を乾かす機能を測る工学尺度が重要で，そのほかの尺度は副次的である．

もちろん，この結果は，対象とする顧客層や時代の流れで変わるものである．本書で後述するように，こういった解析結果は，製品開発の途中でやり直しをしたり，製品が市場に出た後でも市場の変化により，見直したりすることが必要になる．

		工学尺度				
顧客要求	顧客にとっての重み	空気の流れ	空気温度	バランス(トルク)	重量	人間工学テスト
早く乾く	9	9	9			
操作が安全	3	1	9	3		3
持ちやすい	9		3	9	1	
静か	3	3				9
長持ち	3	1	1		9	1
かっこいい	3					1
使用料が安い	3	3	3			
持ち運びに便利	1				3	1
操作が簡単	1			3		
得点		105	147	93	39	43
相対重み		0.25	0.34	0.22	0.09	0.10

図3.6　石井ドライヤの工学尺度の重み

3.2.4　品質機能展開の実際 — フェーズⅡ

次に図 3.2 の左から二つ目の家，部品開発の家を見よう．今度は，工学尺度が家の左側に並び，それぞれの工学尺度を実現する部品やサブアセンブリが屋根の下に来る．フェーズⅠでは，顧客にとっての重みが各マトリックス要素に乗算されたが，今度は，フェーズⅠの結果を受けて，各工学尺度の相対重みが乗算されることになる．結果を図3.7に示す．図に定義したマトリックスを見てみると，たとえば，工学尺度の"空気流れ"は，"モータ"と"ファンアセンブリ"に大きく影響され，"ケーシング"にも影響される．"ヒータ要素"に多少の影響を受けるが，"スイッチ・電線類"にはほとんど影響されない．なお，フェーズⅠから得られた相対重みが乗算されているので，これら結果の相対重みは，最初の"顧客要求"に対する影響度の重みであることに注意したい．

フェーズⅠのマトリックスが，バリュー・グラフと密接な関係を持っていたのと同様に，このフェーズⅡのマトリックスは，図 2.8 の機能・構造対応図と

工学尺度	フェーズⅠからの相対重み	部品特性				
		モータ	ファンアセンブリ	ヒータ要素	スイッチ,電線類	ケーシング
空気の流れ	0.25	9	9	1		3
空気温度	0.34	3	3	9	1	1
バランス(トルク)	0.22	9	9			9
重量	0.09	9	3	3	1	9
人間工学テスト	0.10				9	9
得点		6.03	5.48	3.62	1.34	4.77
相対重み		0.28	0.26	0.17	0.06	0.22

図 3.7　部品・アセンブリの重み

46　第3章　顧客の声を有効利用する品質機能展開

工学尺度	フェーズI 相対重みから	モータ	アセンブリ	ヒータ要素	スイッチ・電線類	ケーシング
空気流れ	0.25	9	9	1		3
空気温度	0.34	3	3	9	1	1
バランス	0.22	9	9			9
重量	0.09	9	3	3	1	9
人間工学テスト	0.10				9	9
得点		6.03	5.48	3.62	1.34	4.77
相対重み		0.28	0.26	0.17	0.06	0.22

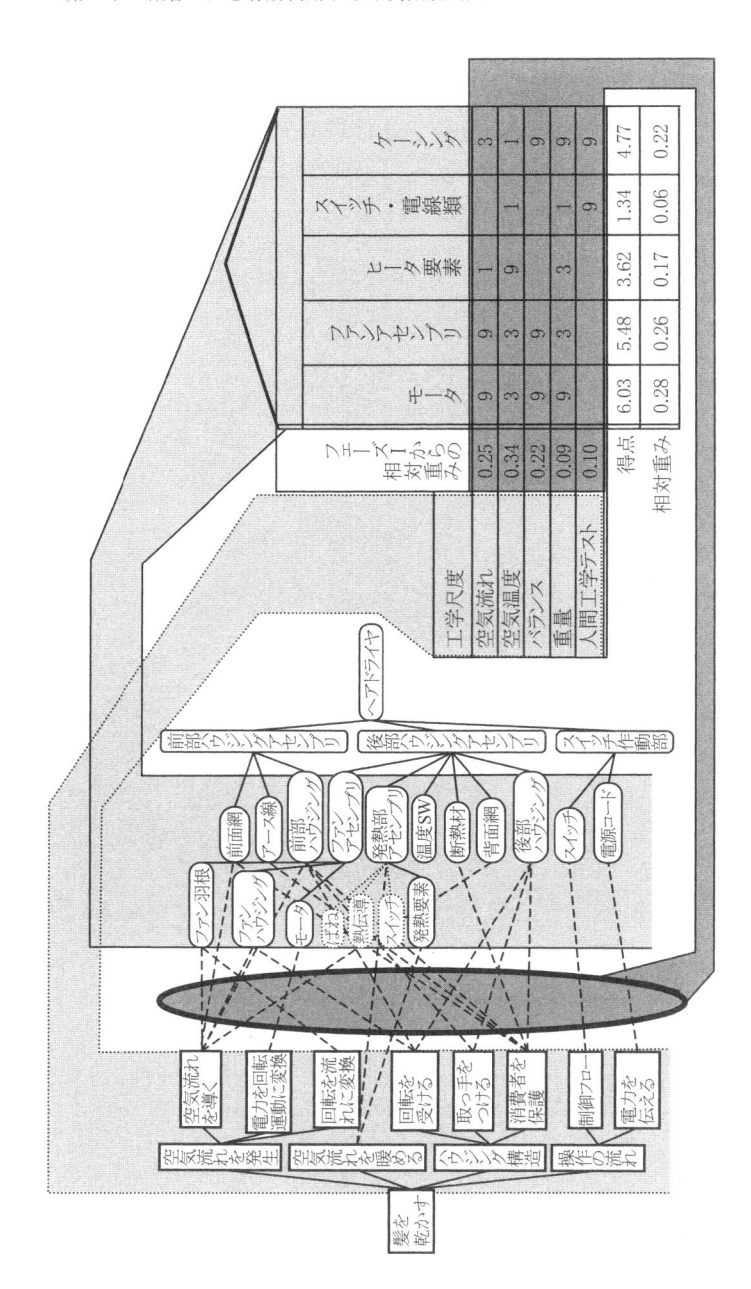

図3.8　部品開発の家と機能・構造対応図との関係

密接に関連している．すなわち，機能・構造対応図の機能要素が工学尺度要素に対応し，構造要素が部品特性に対応している．そして，フェーズⅠからの相対重みとマトリックスの各要素が，機能・構造対応図の機能と構造をつなぐリンクを定量化している．図3.8にこの対応を示す．

3.2.5 QFDの実際 ― フェーズⅢ，Ⅳ

本章では，図3.2に示た4段階の解析のうち，最初の二つのフェーズを行った．フェーズⅢとⅣのマトリックスは，同様の手法で求められるが，実際の製造工程や製造部品の仕様については本書では追及しない．読者の必要に応じた解析に期待するものである．

3.2.6 製品ベンチマーク

本項では，QFDの図をさらに展開して製品ベンチマークを行った例を示す．

いまでこそ，カメラはデジタルカメラや携帯電話に付属したカメラ機能を使うのが主流であるが，ひところ前までは，その簡便さや出かける際には携行しなくてよいことから，使い捨てカメラがもてはやされた．その当時，カメラメーカーは，しのぎを削って製品開発を行っていた．図3.9は，使い捨てカメラのQFDフェーズⅠにA，B，C社の製品ベンチマークを加え，さらにアンケート調査によって顧客イメージを調べたものである．

ここで注目したいのは，製品開発時，重要と思われていた"鮮明な写真"，"見たとおりの写真"という顧客要求である．この二つの要求にとって重要なのは，それぞれ写真映像の"ひずみ"と"視野誤差"である．QFDで技術目標を定め，技術ベンチマークを行った限りは，先の二つの顧客要求にとって重要な工学的尺度に関する技術目標を達成しているのはA社のみである．

しかし，アンケート調査の結果，意外なことがわかった．すなわち，"鮮明な写真"，"見たとおりの写真"が取れるかどうかという視点で見た場合，消費者にとっては，3社の製品どれを取っても似たり寄ったりの性能に見えることである．この結果に至った理由は以下の二つ考えられる．

(1) プロジェクト開始当時は，各社の技術力に差があり，消費者もその違いを認識していた．時間と共に技術力の差が縮まり，消費者から見ると差がわからなくなった．

顧客要求	顧客重要度	工学的尺度 ひずみ	ストロボ出力	角も明るく	光った部分	のぞき窓からの視野誤差	顧客のイメージ わるい 1	2	3	4	よい 5
鮮明な写真	9	9	1	1	3					ABC	
見たとおりの写真	9	3	1	3	1	9				ABC	
どんな距離でもよい	3		9	3		3		A	B	C	
照明にかかわらずよい	3		9	3	1	1		AC	B		
技術的目標		2%未満	毎秒200カンデラ以上	25%	レベル2以下	5%未満					
技術ベンチマーク A社		2%	150	5%	3	4%					
技術ベンチマーク B社		3%	170	20%	3	6%					
技術ベンチマーク C社		4%	200	30%	5	7%					
得点		108	72	54	39	93					
相対的重要度		0.30	0.20	0.15	0.11	0.25					

図 3.9 QFD からベンチマーク(使い捨てカメラ 3 機種の比較)

(2) 厳しい技術目標を達成し,それを消費者が必要としていると設計者が勝手に決め込んでしまった.

　実際には,この二つの理由が両方とも影響してこのような結果になったのだろう.(1)の理由のように,時間と共に,同じ機能でも,それに対する顧客の満足度が変わってしまうことを狩野効果と呼ぶ(東京理科大学の狩野紀昭 教授の提唱による).**図 3.10**に狩野グラフ[17]を示す.新しい製品,特にいままでに

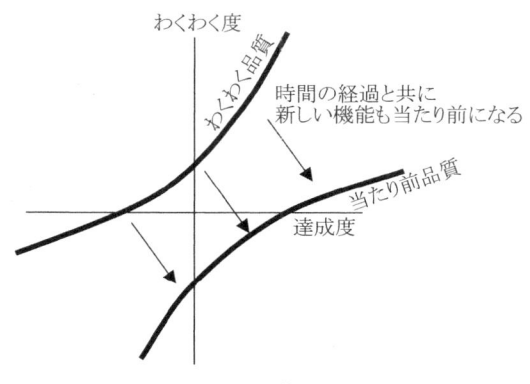

図 3.10 一般的狩野効果

なかった機能を備えたものが市場に投入されると，消費者の"わくわく度"が一気に高まり，機能の達成度が低くても満足する．しかし，時間の経過と共に，以前はわくわくした機能も当たり前になり，同じ達成度を実現しているだけでは顧客満足度が落ちてしまう．

大事なことは，QFDを一度行ったからといって，その結果をプロジェクトや製品の終了まで抱えないことである．世の中が変われば，人の好みも変わる．以前まで大喜びしていた製品機能も当たり前になると，それほど顧客を魅了するものではなくなってしまう．そのときは，新たにQFDをやり直さなければならない．

3.2.7 QFDの品質

本章の締めくくりは，個々のQFDが解析としてその要件を満たしているか，確認するための指針を示す．すなわち，"顧客要求"，"工学尺度"，"部品特性"がきちんと定義できているか，以下の六つの確認事項で判定する．

※ 顧客要求について

① 顧客要求は，部品や部品の機能を記述しているか

そうであれば，顧客要求としては構造まで言及しすぎている．たとえば，自動車に対する顧客要求で"大きなエンジンが欲しい"というのは機能の記述ではない．本当は，"速く走りたい"とか，"高い加速度が欲しい"というのが本来の顧客要求である．

② なぜこの顧客要求が必要か，さらに考える

"なぜ"とさらに問いを発し，答えがあるなら顧客要求を十分に突き詰めていない．

※ 工学尺度について

③ 工学尺度は定量できるか

定量できなければ，工学尺度ではない．

④ 大きいか，小さいかなど，どちらがよいか言及しているか

たとえば，"筐体のサイズ"とだけ書いたのでは，大きいのがよいのか小さい方がよいのか不明である．ほかの人が読んで明らかにわかるように，何を目指すのか明言しなければならない．

※ 部品特性について

⑤ 部品特性は，物理的なものを指しているか

よくある間違いに，具体的な製造工程を部品特性としてしまうことがある．たとえば，"溶接による"などとしてしまう．製造工程を部品特性と混同してはいけない．

⑥ 部品特性は，ほかの部品特性と同程度の詳細度か

ファン，モータといった詳細まで記述した部品特性に混じって，上部アセンブリや，さらに詳細に分割できる部品特性が列挙されていると，重要度分配がうまくいかない．すべての部品特性が同程度の詳細まで記述しているところまで分割する．

【演習】

第2章36ページの演習で購入した二つのタイプの缶切りについて，QFDを行おう．

- QFD，フェーズⅠとフェーズⅡを行う．
- 一方で実現している顧客要求が他方で実現していなければ，それは，顧客にとってどの程度の重要度を持っているかを見直し，二つの製品についてその優劣を吟味しよう．

第4章　製品定義 — 設計を成功させる要因

4.1　はじめに

　HP社のイーデス・ウィルソン(Edith Wilson)によると，"製品定義"は，ハイテクプロジェクトでは非常に重要なものとなり，1990年代以降の設計者は新たな挑戦を強いられることになる．まず，様々な意向を持った開発チームの面々を，常に顧客のニーズを中心に考えるよう仕向けなければならない．また，マーケティングや生産といった広範囲な部門からの情報を，製品の概念として具体的な形に変換しなければならない．そして，様々な会社製品を，外見も機能も一つのファミリーとして統一的に開発していかなければならない．

　2000年代に入ってその傾向はますます強くなった．闇雲な思いつきから製品開発に突入するのではなく，計画ある戦略をたて，個々の製品開発をその計画の中でとらえ，さらに確立された手法を適用する．また，必要に応じてそれら手法に改良を加えて進化させることができる企業が勝ち残るという淘汰の時代に入りつつある．

4.2　設計者と技術者の最前線

　1990年代は，使い勝手のよさが至上とされた．それまでは，かっこいい魅力的な形が売れる時代が何十年も続いていた．「ポルシェ」のスタイルは，パワー，趣味，そして富を連想させる．しかし，優れたスタイルやデザインは，もはや高級品のみのものではなくなった．「ポルシェ」よりもはるかに安価な製品を求める市場でも，より優れた設計が重要であることがわかった．ブラウン社のコーヒーメーカーを考えれば，優れた設計で市場を獲得できることがわかるだろう．

　2000年代に入って，使い勝手のよさを求める傾向はますます強まり，新しい製品を手に入れても，もはや使用書(マニュアル)を読まずにいきなり組み立てて使用を試みる人がどれだけ増えたことか．

設計によりユーザーから複雑な技術を隠すことができることに気づいた会社も多い．アップル社の「マッキントッシュ」を語るとき，使いやすさを一番に挙げる人が多いが，これもまた，ハイテクを詰め込んだ製品に変わりはない．アップル社の設計者たちは，マウスでポイント・アンド・クリックによってアイコンを操作するユーザーインターフェースを開発し，コンピュータの OS (基本ソフト)とそのコマンドという厄介なバリアを隠すことに成功した．簡単にいえば，「マッキントッシュ」の特長は，ほかのコンピュータに見られたキーボードからのコマンド入力という面倒な手続きを優れた設計により隠したことにある．「マッキントッシュ」を使った人であれば，それを初めて手にする人が簡単に使い始められることを知っている．

　成熟した産業で成功するには，魅力的で使いやすい製品をつくる必要がある．そして，顧客は，使い勝手のよい，またスタイルのよい製品を要求する．何を購入するかは，個人的にも，ビジネスにおいても，自分をより成功させるものは何かという基準で選択される．市場とビジネスで成功するには，優れた設計に見合う技術を併せ，顧客の問題を根本的に解決することが要求される．たとえば，任天堂の「Wii」，ブラウン社のコーヒーメーカー，アップル社の「iPod」など考えてみると，自分たちに課せられた技術的制限の中で顧客ニーズをいかに満たしたかがわかる．これらは，設計者による貢献を如実に示す例である．

4.3　製品定義の役割

　このようなビジネスの成功を収めるには，設計者や技術者に何が求められるかである．それは，"製品定義"，つまり製品開発の第1段階である．ここでは，成功する製品を送り出すために何を開発するか調査し，プロジェクトチームの開発と製品をうまく市場導入するには，どういった手順が必要か計画をたてる(図4.1参照)．この段階では，製品の概念，必要な投資，投資効果の予想を徹底的に検討するビジネスレビューを重ね，その開発に取り組むことが組織にとって最良の方向であるかどうかを決定する．

　また，製品定義をもう少し大きな時間軸，その製品の着想から時代遅れとなるまでの間で見てみると図4.2のようになる．製品定義は，製品寿命の初期

4.3 製品定義の役割   53

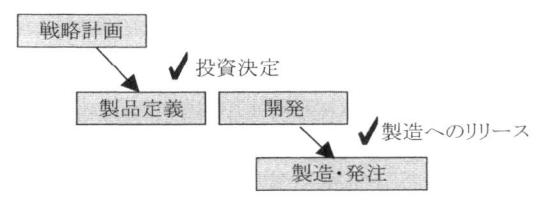

図 4.1 製品開発サイクル

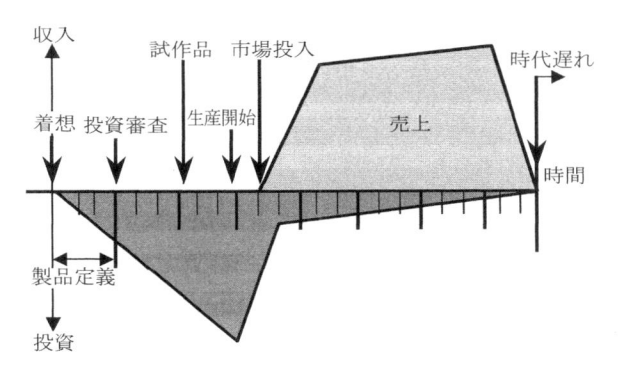

図 4.2 製品開発による投資・回収モデル（ウィルソンによる HP 社モデル）

段階，着想から投資決定までの短い期間において行うものであるが，その優劣，タイミングにより，その後の投資と売上を決定的にするものである．この初期段階の製品定義を誤ると，大きな利益（＝売上－投資）を上げられないばかりでなく，組織に大きな損害をもたらすことさえある．

ウィルソンらが行った研究による 11 要因をもとに，21 世紀の製品定義には，以下 15 の重要因子がある．成功するプロジェクトチームは，これら 15 の要因をすべて検討しており，失敗するものは，少なくともどれかが十分でなかった．

- 戦略的方向性の確認（組織の戦略）
- ユーザー・顧客のニーズ認識
- 競合分析
- 法規に適合していること（コンプライアンス）
- 市場の地域性に適合していること

- 製品の位置づけ（組織の中での位置づけ）
- プロジェクト優先マトリックスの決定
- 製造上のリスクはないか
- 技術的リスクはないか
- 販売ルートの確立
- 戦略的依存性（組織の製品への依存性）
- 組織マネジメントによるリーダーシップ
- プロジェクト計画と人員確保
- ビジネスモデルと収支計画
- 製品定義と収支計算

図 4.3 は，時間軸に沿ってこれらを左から右に向かって列挙している．これら 15 因子は，"何を"，"どうやって"，"なぜ" の 3 グループに大別される．最初の 4 ステップ，すなわち "戦略的方向性の確認" からプロジェクトの優先順位を定める "プロジェクト優先マトリックス" までが最重要である．これら製品定義の初期段階で間違いを犯すと，ドミノ式に後の評価も崩れてしまう．

何を	どうやって	なぜ
戦略的方向性の確認／地域性／競合解析／ユーザ・ニーズ／合法性／製品の位置づけ	プロジェクトの優先順位／販売網／製造上のリスク／技術的リスク／戦略的依存性／リーダーシップ	リソース（資金・人材）／ビジネスモデル・収支計算／製品定義・収支計算

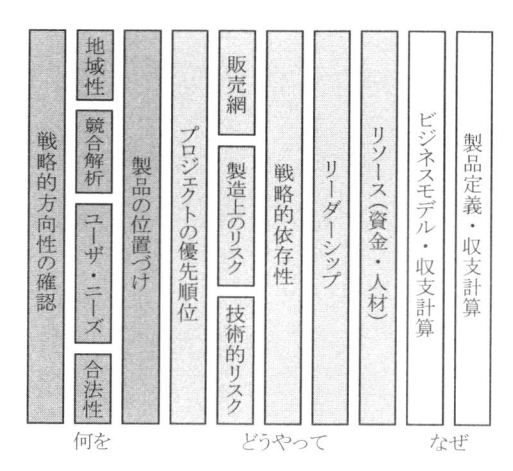

図 4.3 製品定義を構成する 15 の要素（ウィルソンによる HP モデルに追加）

4.3 製品定義の役割　55

　製品定義の検討が十分でなかった場合，製品は市場にうまく受け入れられず，失敗に終わる．イーデス・ウィルソンの研究では，プロジェクトチームの各メンバーへのアンケート調査で製品定義検討の度合いを測り，結果の平均と標準偏差を見ることで，プロジェクト全体の状態が把握できるとしている．平均が低いと製品定義の検討が不足だし，標準偏差が大きいと，チームのメンバー間で情報交換に問題があることがわかる．製品開発を進め，市場で成功させるには，どちらの問題も早期に解決することが必要である．
　以下に，よく見られる製品定義の失敗について説明する．

（1）製品定義が遅れることのインパクト

　図 4.4 は，時代遅れになる時点と製品定義との関係を示している．製品定義に時間がかかりすぎると，市場投入時期が遅れる．一方で，製品が時代遅れになる時期は製品定義の終了時期に影響されず，市場需要が小さくなって全体収入が小さくなる．プロジェクトチームは，製品を定義し，開発するのはワンチャンスであることを認識しなければならない．実際，図のように製品定義に時間がかかりすぎたとき，当初の着想に固執することなく，売上の縮小を予測してプロジェクトをキャンセルするのが正道だろう．よい製品を適正な価格で真っ先に市場導入したチームが市場シェアを支配し，利益も最も大きくなる．GE 社のジャック・ウェルチはこの手法で何十年も成功を収めた．
　図 4.4 のような結果は，製品定義を慎重にやりすぎた場合よりも，開発をあ

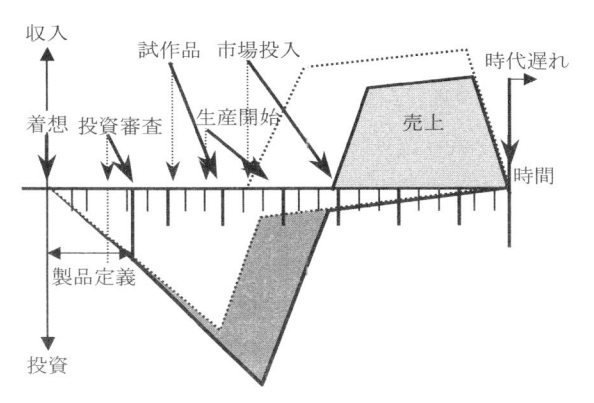

図 4.4　製品定義が長引くことによる影響

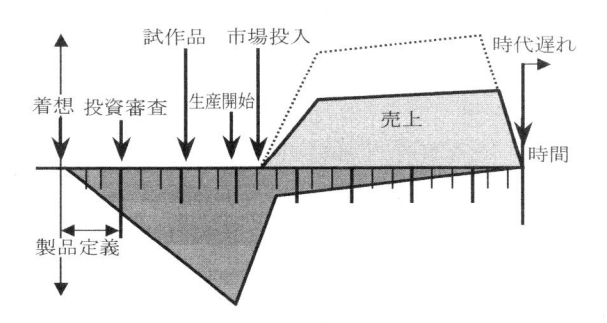

図4.5 製品定義が不十分なことによる影響

せって十分に製品定義を行わなかった場合に多く見られる．すなわち，製品定義が不十分なうちに開発に取りかかり，途中，製品定義をやり直す必要が出た場合である．さらに悪いことに，製品定義の変更が数回にわたることがある．

（2）製品定義が未熟なまま発進

図4.4の例では，不十分な製品定義にプロジェクトメンバーが気づき，修正を行う，あるいはプロジェクトをキャンセルする場合を示した．キャンセルできれば，損害を小さく抑えることができ，当初の目論みは外れたものの，被害は少ない．これに対して，不十分な製品定義のまま誰もそれに気がつかず，市場投入まで突き進むことがある．**図4.5**にこの例を示す．

市場投入までは，予定どおり進むものの，思ったより市場での競争力が弱く，競合に市場を食われて売上が伸びず，最終的に赤字に終わるケースである．

（3）製品定義が終わらない

特に，日本企業に多く見られるケースである．プロジェクト自体に無理がある，あるいは不確実な要素を仮定することができず，会合を重ねるようなプロジェクトは，人と資金を食いつぶし，収入や利益にはつながらない．原因は様々であるが，進行が見られないとき，経営者はプロジェクト中止を決定するべきである．

4.4 プロジェクト優先マトリックス

図4.3の左側"戦略的方向性の確認"から"製品の位置づけ"までの評価を

終え，"どうやって"という具体的プロジェクト推進の方法を考える次のステップは，"プロジェクト優先マトリックス"である．これは，最重要項目の最終ステップでもある．戦略との整合性は，組織の中での当該プロジェクトの位置づけを評価するものである．しかし，プロジェクトの優先順位を明確にするということは，それを成功に導くためにプロジェクトの中で何を優先させるか評価することである．

プロジェクトチームの中にいると，ついすべての要素を優先させたくなるが，それでは焦点がぼやけてチームメンバーがそれぞれの思惑で別の方向に走り出すとも限らない．メンバー全員が共通の優先順位意識を持つことが重要である．

様々な評価手法が考えられる中，3×3 のマトリックスによる評価が自分たちの方向づけをはっきりとさせ，プロジェクトの実行中も常に意識することができる．すなわち，"機能"，"コスト"，"時間"の三つの要因に絞り，それぞれ，絶対に優先するものはどれか，最適に近づけたいものは何か，三つの中で，ほかの二つを優先させた上で残るものは何かを考えることである．

このプロジェクト優先順位は，製品が萌芽期・成長期・成熟期のどこにあるか，また製品が狙う市場はどれかによって影響を受ける．図 4.6 に，三つの製品について，それぞれのプロジェクト優先順位を示した．たとえば，高級スポーツカーであれば，その機能は絶対的で，市場投入が 2，3 カ月遅れても全体の収支にさほど影響はない．一方，新しく開拓されつつある市場を目指した製品であれば，他社に先駆けて市場投入して顧客を囲い込むことが大切である．すでに確立された市場に，さほど目新しくもない製品を投入するのであれば，

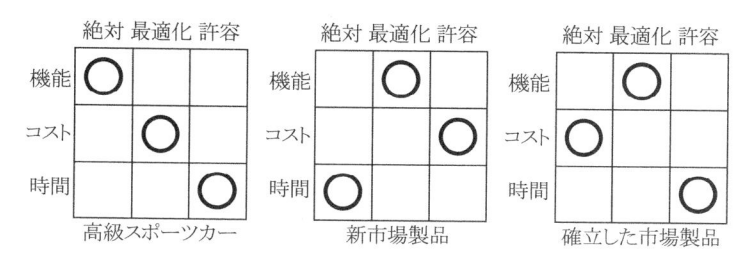

図 4.6 製品により変わる優先順位

	絶対	最適化	許容
機能	○		
コスト	○		
時間	○		

管理者によるコルベット設計の優先順位

→

	絶対	最適化	許容
機能	○		
コスト			○
時間		○	

実際のコルベット設計の優先順位

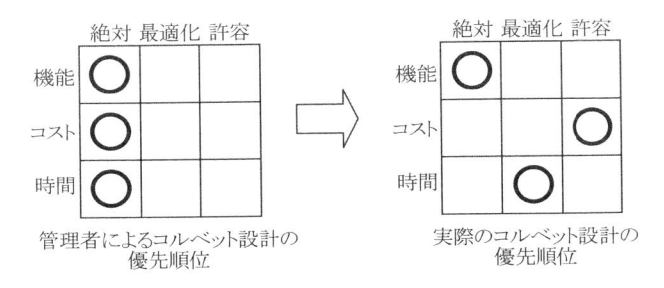

図 4.7 管理職が陥りやすい錯覚

コストをなるべく抑えて価格競争力を確保しなければならない.

次に管理職がよく陥る問題(図 4.7)について考えてみよう. GM 社のスポーツカーに「コルベット」というモデルがある. 1960 年代の日本のアニメ「マッハ号」を思わせるシルエットであるが, 名実共にアメリカ純国産の最上級スポーツカーとしての地位を確立している.

この「コルベット」について, 上層部はアメリカで 1 番の自動車という自負があり, 機能, コスト, (市場投入までの)時間の三つについて優先順位を聞くと, "どれも最優先!"という返事が返ってくる. 「コルベット」に限らず, 中小企業でカリスマ的存在の経営者も同じ傾向の思いがあるようである. しかし, それでは実際の開発部隊が混乱し, 細かな決定を行うことができなかったり, 前後の決定のつじつまが合わなかったりする. プロジェクトチーム内の混乱を避けるためにも, 冷静に判断して優先順位を決定し, チームメンバーに周知させることが大切である.

次にもう一つ, 時期によって優先順位が変わることを示そう. 図 4.8 の S 字カーブは, 市場成長の時間と製品の成熟度を表している. たとえば, 左下には, 原点近くで市場が開拓されたばかりの工業製品(地デジテレビなど), 右上には, 時間が十分経過し, 製品も成熟しているもの(冷蔵庫, コピーマシンなど)がある. 最近は, パソコン市場もこの領域に属しているといえよう. ただし, ななめドラム式洗濯機などのように, 成熟した洗濯機市場にも, 新しい機能が付加されると, その導入により, 製品は左下の領域に戻ると考えてよい.

さて, 市場に新規機能を提供する製品の優先順位は, 恐らく図 4.8(a)のよ

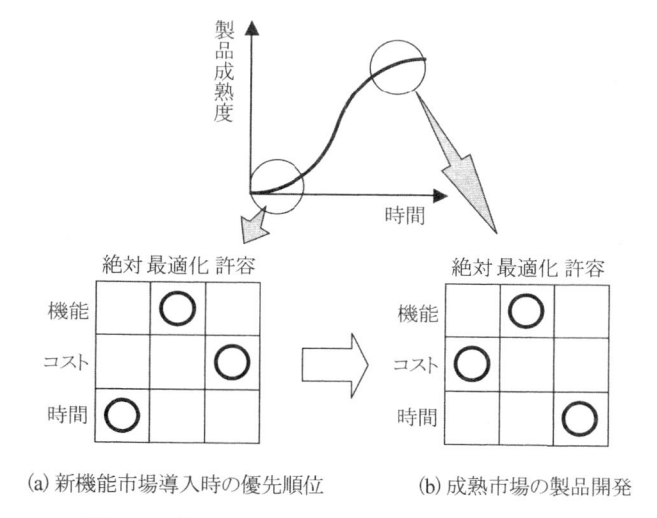

図4.8 市場への投入時期により変わる優先順位

うになるだろう．他社に先んじて市場導入したことと，多少コストがかかって価格が高くなっても人はそれを買うからである．一方，成熟した市場に製品を投入するときは，すでに競争相手も多数あるため，コストを下げて競争力を持たせなければならない．この場合，優先順位は図4.8(b)のマトリックスのようになる．図3.10の狩野効果を思い出していただきたい．

4.5 設計者はどうすればよいか

製品が成熟期に入ると，単に外見のよさや優れた機能だけでは売れる設計とは限らない．設計者には，プロジェクトチームのメンバーがユーザーのニーズを常に意識していること，製品が使いやすいということと，製造現場の生産性について鋭い観察眼を持つことが要求される．設計の段階でここまで評価するには，グラフィックや実体を持ったプロトタイプを利用すると便利である．その後で，研究開発，販売，製造，物流，経理，トレーニング，保守，サポートといったあらゆる視点からどうやって，設計を最適化するか，プロジェクトチーム全体で考えることになる．設計は，複数の部門からの要求を，最後に調整することになる．この調整には，次の2点が重要である．

(1) 設計者は戦略立案者の協力のもと，製品群全体の見た目，感触，機能を決める必要がある．
(2) 製品群があったときは，各個別製品も，製品群と調和するように同時に設計する必要がある．

最も重要なことは，自分が開発している製品が，産業の成熟度ではどこに当るか知っていることである．萌芽期の製品であれば，そのままの性能が重要である．成長期にあれば，設計をうまく利用して競合と違う特長を出すこと，そして成熟期には，設計工程の効率を向上させ，製品の特長を引き出すために設計ツールを適用することが重要である．

よくある問題に，設計者は自分の設計の枠にはまるような開発を技術者に要求し，技術者は自分の技術の範囲内で，インターフェース，パッケージ，利用しやすさを設計者に設計してもらいたいと考える．一方，販売担当者はよく売れるものを期待し，製造担当者はつくりやすい製品を望んでいる．このような葛藤があると，時間，工数，さらに利益や売上にも影響が及ぶことがある．こういった問題は，素早く解決するのが望ましい．

2000年代の設計者には，ビジネスチームの各メンバーの役割を理解することが求められる．また，ビジネス戦略を，チームが実行できるアクションプランに具体化できることが成功のためには重要である．顧客のニーズ，競合の動向を予想し，要求される規格を常に見ていること，会社の戦略と限界を設計者が理解することで，設計者は市場のニーズと会社のニーズの両方を満たすことができる．この知識により，製品定義モデル作成において，① 現状における市場，② 組織のニーズ，③ 製品設計をどう調整すればよいかなどの必要な情報が得られる．これら三つの力をうまく調整できる設計者は21世紀に向けて組織を成功に導くものである．

4.6 製品定義アセスメントチェックリスト

表4.1に，イーデス・ウィルソンによる製品定義の完成度を判定する指標となるチェックリストを示す．

表 4.1 製品定義アセスメントチェックリスト(イーデス・ウィルソン)

プロジェクト名：＿＿＿＿＿＿＿＿＿＿＿＿＿＿　　　　日付：＿＿＿＿＿

氏名：＿＿＿＿＿＿＿＿＿＿＿＿＿＿

1. **戦略的方向性**：チームのメンバーは，戦略目的，制約条件，製品の目標市場を理解していますか
   - 全くしていない　　　　　ある程度　　　　　非常によく理解している
   - 　　1　　　　　2　　　　　3　　　　　4　　　　　5

2. **ユーザー・顧客ニーズの理解**：プロジェクトチームは，目標とする市場を認識し，その大きさと成長性，さらにその市場の基本的なニーズ(たとえば，生産性，コスト効率など)を確認しましたか
   - 推測しているだけ　　　　事実に基づいて　　　　十分調査した
   - 　　1　　　　　2　　　　　3　　　　　4　　　　　5

3. **地域性**：ユーザーのニーズと規格の販売地域による違いは理解していますか
   - 全くしていない　　　　事実に基づいて　　　非常によく理解している
   - 　　1　　　　　2　　　　　3　　　　　4　　　　　5

4. **規格適合性**：関係するすべての規格を見つけましたか
   - 全くしていない　　　　事実に基づいて　　　非常によく理解している
   - 　　1　　　　　2　　　　　3　　　　　4　　　　　5

5. **競合分析**：製品分野の競合上位3社を見つけ，製品市場投入時のその3社の計画を理解していますか
   - 全くしていない　　　　データに基づいて　　　事実に基づいて
   - 　　1　　　　　2　　　　　3　　　　　4　　　　　5

6. **製品の位置づけ**：製品は，ユーザー・顧客ニーズ，各市場での優位性から利益を約束されていますか
   - ない　　　　　　　　　ある程度　　　　　　　完全
   - 　　1　　　　　2　　　　　3　　　　　4　　　　　5

7. **プロジェクト優先マトリックス**：チーム内で，優先順位について合意がなされていますか
   - ない　　　　　　　　　リストがある　　　　　リストを使っている
   - 　　1　　　　　2　　　　　3　　　　　4　　　　　5

8. **リスク管理**：ビジネス上の目的とプロジェクト優先マトリックスから，リスクのレベルを理解していますか
   - していない　　　　　　ある程度　　　　　　　完全
   - 　　1　　　　　2　　　　　3　　　　　4　　　　　5

9. **流通チャンネル**：市場投入前に適切な流通チャンネルが完成しますか
   - できていない　　　　　ある　　　　　　　　　完全にできている
   - 　　1　　　　　2　　　　　3　　　　　4　　　　　5

10. **重要な特長**：プロジェクト成功の中心となる製品の特長は同定されていますか
　　　できていない　　　　　　　　ある程度　　　　　　　　完全にできている
　　　　　1　　　　　　2　　　　　　3　　　　　　4　　　　　　5
11. **経理モデル**：プロジェクトの開始から製品の廃棄まで正確な会計計画がありますか
　　　推測しているだけ　　　　　データに基づいて　　　　　事実に基づいて
　　　　　1　　　　　　2　　　　　　3　　　　　　4　　　　　　5
12. **リーダーシップ**：会社トップに至る各階層レベルで，プロジェクトをサポート，統
　　　一見解を出していますか
　　　していない　　　　　　　　中立　　　　　　　　　　　合意している
　　　　　1　　　　　　2　　　　　　3　　　　　　4　　　　　　5
13. **人材と資金**：プロジェクト遂行に必要な人材と資金がありますか
　　　ない　　　　　　　　　　　中立　　　　　　　　　　　ある
　　　　　1　　　　　　2　　　　　　3　　　　　　4　　　　　　5
14. **依存性**：各部門間で，依存性がはっきりしており，それぞれうまく機能していますか
　　　不明確　　　　　　　　　　決められている　　　　　　よく機能している
　　　　　1　　　　　　2　　　　　　3　　　　　　4　　　　　　5
15. **総合**：このプロジェクトが成功する自信はどのくらいありますか
　　　低い　　　　　　　　　　　中くらい　　　　　　　　　高い
　　　　　1　　　　　　2　　　　　　3　　　　　　4　　　　　　5

【演習】

自分のプロジェクトについて，まず個々のメンバーが以下の課題を行い，その後でグループとしての認識をまとめよう．

(1) 15 項目の製品定義を行い，製品定義の弱いところはどこか，それを改善するにはどうすればよいかを考える．
(2) グループ内のほかの人と比較し，ばらつきが大きいのはどの項目か．
(3) プロジェクト優先順位の 3×3 マトリックスをグループ内のほかの人と比較し，同じものができたかを見る．違っていれば，同じマトリックスに合意できるか話し合う．
(4) 5 年後にプロジェクトの製品を改良することになったとして，プロジェクト優先順位マトリックスはどうなるか．

第5章 製品のコスト，価値，そしてそれらから生まれる利益

5.1 ライフサイクルコストと機能価値

　第2章，第3章の演習問題で缶切りを取り上げた．これらの課題にまじめに取り組んだ読者は，実際に購入されたわけであるが，たかが缶切りと思われる商品なのになぜ何種類もあるのだろうかと思われるだろう．それも缶の蓋を開ける仕組みは，いまやプルトップが大半を占め，缶切りはほとんど使われなくなっているのにである．

　数ある缶切りの中でも比較的値段の高い，高級なものを考えてみよう．一番安いものに比べて何十倍もの値段をつけた高級缶切りを人はなぜ買うのだろうか．それは，使いやすい，切りやすい，切った後の蓋で指を切るなどの怪我をしにくい，見ためがよいなど，様々な理由があるが，これらはすべて消費者から見て"価値"があると判断されるものである．より安い製品に対して，さらに付加された価値を，より高い分のお金を足しても手に入れたいと消費者が判断したとき，消費者は高い方の製品を購入する．

　消費者から見た商品の価値は，多分に主観的であり，個人差もある．たとえば，衣料や宝飾品など，有名デザイナーによるブランド品に多大な価値を見出す人もいれば，そういったブランドに何ら価値を感じない人もいる．ブランド志向が一概に名前に踊らされているとは限らず，たとえば，『〇〇の自動車は壊れにくい』など，長年の品質向上の努力が実を結んで，市場のよい評判を勝ち取ったメーカーもある．事実，そういうブランドは中古市場でも値崩れがしないため，無名ブランドに比べて市場価値を維持する傾向がある．宝飾品などについても同じことがいえ，ブランド名に対する価値は実在するものである．

　次に，製品コストについて考える．工業製品の場合，次のコスト要因がある．

- デザイナー費(ブランド品)
- 部品点数
- 重量
- 誤差許容範囲
- 二次加工(例，めっき)
- 材料の種類数

- 工程数
- くず排出量
- 金型コスト
- 間接費用

たとえば，次の **表**5.1 で，2 種類の缶切りについて，それらの製造工程の違いを比較する．この図から明らかなように，高級品では，汎用品に比べてそれなりの工程がかかっていることがわかる．

では，なぜ設計でコストを考えることが重要なのだろうか．大ざっぱにコスト，売値，利益の間には以下の関係が成り立つ．

$$\text{売値} = \text{コスト} + \text{利益} \tag{5.1}$$

ここで売値は，今日の競争社会では，競合，あるいは発注者や消費者の期待により決まることが多い．このため，より大きな利益を得るには，機能を追加して売値を上げるか，コストを下げるしか方法はない．機能追加の場合は，それに伴い生産コストも上がるが，機能追加による売値の上昇分はコスト増加分よりも大きくなければ意味がない．

表 5.1 2 種の缶切りの工程の違い

汎用品	工程	高級品
✓	プレス	✓
✓	曲げ	✓
	引抜き	✓
	旋削	✓
	ブローチ	✓
	研削	✓
✓	ポンチ	✓
	射出形成	✓

5.2 コスト解析

Ulrich と Eppinger [18] は，製品コストを部品コスト，組立コスト，間接コストの三つに分けた．これらについて，詳細に見る．

(1) 部品コスト

部品コストは，標準品の場合，カタログから簡単に探すことができる．非標準品の場合，材料，金型，固定用治具，各種工程コストにより影響され，また

外注するか，自社で製作するかにより計算が違ってくる．

　部品コストは，生産量によりその工程を変えるのが一般的である．すなわち，少量生産であると切削による削出しが効率的であるが，ある一定量を越える生産が見込まれると，金型を製作する射出成形の方が有利になる．**図 5.1**

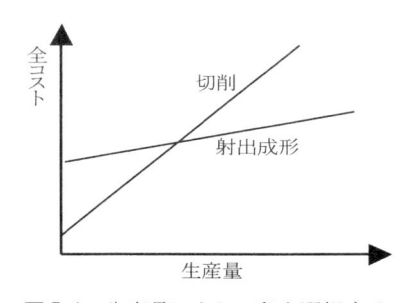

図 5.1　生産量により工程を選択する

にこれを示す．

(2) 組立コスト

　組立コストには，特別な装置や治具を要する場合のコスト，さらに組立労賃が含まれる．組立コストを増大させる要因は，部品点数やそれぞれの組立手順の複雑さなどである．

　1990 年代までの傾向として，サブアセンブリは外注するという方法があった．この場合，組立コストの計算は，部品コストの計算同様にできてすこぶる簡単になるが，下請け業者の設計は"ブラックボックス"となってしまうことが多い．最近は，環境保護のためのサブアセンブリの材料まで含めたトレーサビリティやコンプライアンスを求められるようになり，"ブラックボックス"では済まされないようになってきている．

　第 3 章で述べたように，QFD と共に 1980 年代アメリカ企業が競争力を取り戻す原動力となったのが組立性設計(DFA : Design for Assembly)である．1983 年の Boothroyd と Dewhurst [1] の発表は，組立性，すなわち組立のしやすさを定量的に評価する手法を提供した．この手法は，様々な改良が施され，GE-日立法や Westinghouse 法などに発展した．

　本書では，後述の章で DFA を詳しく見るが，そこでは，Westinghouse 法にさらに改良を加えた手法を紹介する．

(3) 間接コスト

　間接コストには，大きく分けて，製品サポートコストと内部間接コストがある．前者には，材料取扱い，購買・物流，設備・装置保守，在庫コスト(素材，

仕掛品，製品），保証・アフターサービス，製品廃棄・旧型品対処が含まれる．これらのコストは，この価値づくり設計でも取り上げるコストである．これらに対して，後者は業務機能，建屋保守，従業員福利厚生など，製品コストの一部としてみなすべきものである．

間接コストに，もう一つ広義の価値づくり設計に関与するものがある．それは，多様性設計(DFV：Design for Variety)である．つまり，製品を1品ずつ設計するのではなく，製品ファミリーを定義し，その中で個々の製品を設計するときの追加間接コストである．製品単品については，コストが上昇するが，ファミリー全体で見るとコストが下がる．

ここまで見てきた部品コスト，組立コスト，間接コストの中で，製品の複雑さと共に大きく増えるものを複雑性のコストという．これらは，製品工程スケジュール・段取り・工程準備・準備後の検査・材料受入れ検査・材料取扱い・やり直し・保守・設計修正などの対応であり，製品コスト，歩留まり，不良品率に直接影響を及ぼすものである．

間接コストは追跡が困難とされ，従来の会計では，一律X％という考え方が普通であった．このため，ひところ前までの価値づくり設計では，コスト削減の対象外であったものの，データベース技術の発達で実際のコストを追跡することが可能になり，間接コストが大きな割合を占めることがわかってきた．**表**5.2にこれを示す．

このような正確なコスト追跡を可能にしているのが，活動ベースコスト評価で，その結果，従来のやり方ではよくわからなかった設計変更や発注数によるコスト増大などにも，焦点が当てられるようになった．

これからのコスト解析では，データベース技術を使って，さらに詳細な分析

表5.2　従来のコスト削減と実際のコスト

	実際のコスト	従来のコスト削減の対象
直接労賃	10%	75%
材料	45%	10%
間接コスト	45%	15%

が可能になる．また，設計の段階である程度の予測も可能になり，DFA，製造工程の選択など，直接コストの予測の正確性が増していく．さらに DFV，ライフサイクル保守，環境への影響もそれら間接コストもしかりである．

5.3 パレートの法則

パレートの法則とは，全体の大部分は，それを構成するうちの一部が生み出しているという指摘である．これは，イタリアの経済学者ヴィルフレド・パレート(Vilfredo Federico Damaso Pareto)の提唱による．

図 5.2 は，これまで見てきた石井ドライヤの部品を高価なものから並べ，それぞれのコスト(棒グラフ)と全体コストへの寄与率累計(折れ線グラフ)をプロットしたものである．これを見ると，最初のモータ，ハウジング部，ヒータでほぼ全体のコストを占めていることがわかる．

問題は，これらが全体の中で，コスト高部品でよいのかどうかの判定である．消費者や発注者は，特長ある，あるいは期待感の持てる製品であれば，出費を惜しまないことを考える．ここで，石井ドライヤの原点に立ち返り，顧客が大事と思っている機能は，早く髪が乾き，持ちやすいことであった(図 3.4 の

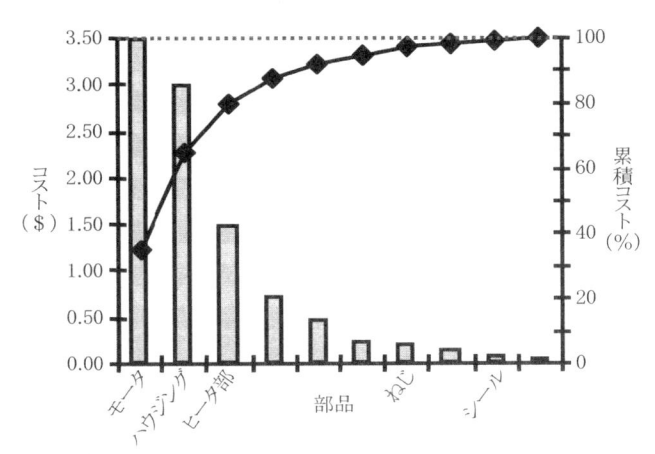

図 5.2 石井ドライヤの部品コストと累積コストへの寄与
(バーカン教授の ME317 講義ノートより，1992 年スタンフォード大学)

QFD フェーズ I 参照).

　直感的には上記の三つの部品が，これら二つの要求機能を満たすためには，重要なものであることはわかるが，もっと高価なヒータを使うべきか，それとももっと安いヒータを使うべきか迷うところである．そこで，各部品にかけているコストが適正なものか，判断するための定量的手法を次節に紹介する．

5.4　コストワース比

　QFD では，顧客の要求機能(顧客の声)から出発して各部品の相対重要度の算出に至った(図 3.7)．しかし，ここでは設計者として必要と考えられる設計機能から出発する．全設計機能を大まかな分類で網羅し，それぞれの重要度を決めるわけであるが，このとき，QFD で確認した顧客の要求機能に対する重要度を参考にする．顧客の声のみから始めると，設計上重要な機能が欠落することがあるため，それは参考にとどめ，設計機能をリストアップすることである．たとえば，ここでは"部品を組み合わせる"という設計機能を挙げるが，顧客はドライヤの部品がバラバラにならないこと，などと要求事項として挙げないで，むしろ当たり前のことと思っている．表 5.3 に石井ドライヤの設計機能と重要度を示す．このとき，重要度はすべての部品のものを合計すると 100% になるように相対百分率をパーセントで表す．

　表 5.4 にコストワース比の計算を示す．表 5.3 の設計機能を表上部に横に並べる．左縦には，各部品，もしくはアセンブリと，それぞれのコスト解析で得られる部品コストの全体に対する百分率を記入する．

　次に，それぞれの設計機能に対する各部品の重要度を百分率で各駒(図中網

表 5.3　石井ドライヤの設計機能と重要度

設計機能	相対重要度
空気流を発生する	26%
空気流を加熱する	25%
電源を操作する	11%
部品を組み合わせる	16%
握持部がある	22%

5.4 コストワース比

表 5.4 従来のコスト削減と実際のコスト

相対コスト(%)	設計機能 部品	相対重要度(%)					相対価値(%)	コストワース比 (コスト/ワース)
		26 空気流を発生	25 空気流を加熱	11 電源操作	16 部品を組合	22 握持部がある		
25	モータ	45 / 11.7	0 / 0.0	0 / 0.0	0 / 0.0	0 / 0.0	11.7	2.14
10	ファンアセンブリ	40 / 10.4	0 / 0.0	0 / 0.0	10 / 1.6	0 / 0.0	12.0	0.83
20	ヒータ要素	0 / 0.0	95 / 23.8	0 / 0.0	5 / 0.8	0 / 0.0	24.6	0.81
10	スイッチ/電線類	5 / 1.3	5 / 1.3	100 / 11.0	5 / 0.8	0 / 0.0	14.4	0.70
35	ハウジング	10 / 2.6	0 / 0.0	0 / 0.0	80 / 12.8	100 / 22.0	37.4	0.94
		100	100	100	100	100	100	

掛けの部分)の左上に記入する．例えば，"空気流を加熱する"という機能は，ヒータがほとんどを占め(95％)，スイッチ・電線が正しく動作することが 5％分の寄与をすると考えている．

次に各駒の右下には，上記で求めた百分率に，各設計機能の相対重要度を掛け合わせた結果を記入する．たとえば，先ほど"空気流を加熱する"機能の 95％を担う"ヒータ"の駒の右下には，"空気流を加熱する"機能の相対重要度が 25％なので，95×0.25＝23.8 を記入する．網掛けの部分の右下の数字を埋めたら，今度はそれらを横に合計して，各部品の相対価値を算出する．これら数字は，出発点が，顧客の声ではなく，設計機能なので，図 3.7 に示した相対重みとは違っていることに注意する必要がある．ただし，設計機能の相対重要度は，顧客の声も加味して決めているので，相対的傾向は似ている．

最後に各部品について，左端の相対コストを相対価値で割るとコストワース比が算出される．このコストワース比が 1.0 より大きいと，価値に対してコストが大きいことがわかる．

表 5.4 の結果をグラフで示したのが 図 5.3 である．図は，横軸に相対ワース(Relative Worth)，縦軸に相対コスト(Relative Cost)をとって，各部品を点でプロットしている．左下から右上に伸びる対角線が 相対コスト ＝ 相対ワー

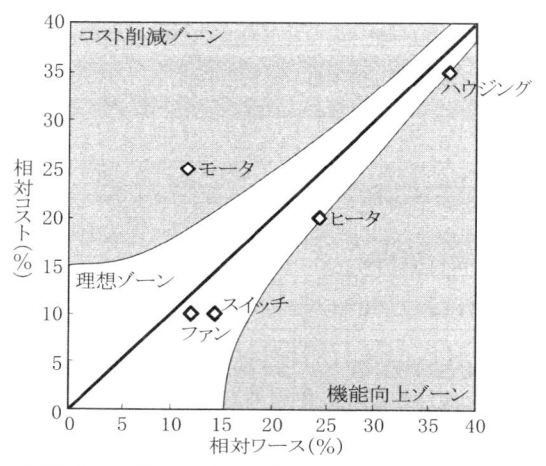

図5.3 石井ドライヤ各部品のコストワース比

ス，すなわち，コストワース比＝1.0 の線である．これより離れて上にあると，価値が低い設計機能の実現に必要以上の高コスト部品を使っていることがわかる（コストワース比 ≫ 1.0）．また，このコストワース比＝1.0 の線より離れて下にあると，相対価値の高い設計機能を低コストの部品で実現していることになる．後者の場合，その部品の性能に問題がなければよいが，もう少しコストをかけて全体の信頼性を高めることも検討したほうがよい．

図5.3で，各部品に対応する点は，図中対角線に沿った白い部分に入ればよしとしている．理由は，重要度の設定で主観的な判断が入っており，コストワース比が1.0に近ければよいからである．コストと価値の低い部分で，このホワイトエリアが広がっているのは，たとえば，ねじのコストが高すぎた場合に，無理に1.0に近づけようと釘で代替するのは無意味だからである．コストや価値の低いエリアでは，コストワース比の許容範囲が広がる．

本章のコスト・価値解析は，第3章のQFD－フェーズⅡに似ている．双方の結果を比較して，それぞれの信憑性の検証にもなる．また，コスト・価値解析は，結果がわかりやすいグラフに示され，今後のプロジェクト推進でどこに注力すべきかよくわかる．QFDと共に，今後の価値づくり設計に大いに役立ち続ける手法だろう．

【演習】

(1) 図 3.6 の工学尺度とそれぞれの相対重みを本章の設計機能と相対重要度に置き換えて解析し，各部品の重要度がどう変わるのか，その変化を説明しよう．

(2) 自分たちのプロジェクトにコスト・価値解析を適用し，コスト・価値の面から設計を見直す必要があるかを考えよう．

第6章 複雑系設計をどう扱うか

6.1 複雑系設計とは何か

　工業製品やサービスにより，いままでになかった新しい価値を社会にもたらすにはコストがかかる．それらの製品やサービスのライフサイクル各ステージにおいて，すなわち開発・設計・審査・サプライチェーン確立と製造・保守とサポート，そしてライフ終了の各ステージにおいてまたコストが発生する．価値づくり設計を担う技術者や管理者の使命は，これらライフサイクルコストの見当をつけ，コスト要因となる複雑性を見きわめ，コストを最小にするべく，製品の設計や製造工程の改良を見出すことである．

　この検討においてキーとなるのは，複雑性の規模を把握し，製品やサービスの開発工程において決定権を持つ者，あるいはグループが，それを理解できるような尺度で表現することである．製品・サービスのライフサイクルにおいて，複雑性が問題となるステージは，以下のとおりである．

- 技術開発
- 製品定義と概念開発
- 詳細設計
- 製造とサプライチェーン
- 保守とサポート
- ライフ終了(リサイクル，再利用，環境への影響など)

　製品・サービスの開発者は，概念開発から具体化が進むに伴い，これらライフサイクルに伴う複雑性を理解していることが不可欠である．本章では，決定権者が初期の製品設計やプロセス開発の段階で，様々な角度から改良を求めるに際し，適用できる尺度の定式化を行う．

　価値づくり設計では，複雑性設計を理解するために様々な角度からの分析を行う．すなわち組立性，製造性，保守性，環境保護などである．

　本章では，組立性について詳しく紹介し，製造性について射出成形を取り上

げて説明する．さらに保守性のための設計，サプライチェーンのための設計についても簡単に触れる．

6.2 製品ライフサイクル評価の指標

製品開発者がその設計を向上させるには，複雑性に関して定量評価する指標を用いるのが効果的である．簡単でありながら，効果的な例は，組立性のための設計（DFA：Design for Assembly）である．その基本ルールは，以下の三つである．

- 部品点数と工程数を減らすこと
- 欠陥につながりやすい工程を減らすこと（たとえば，壊れやすいコネクタや締結工程）
- 操作の難しい工程を避けること

次節では，DFA について詳しく解説するが，その基本的な手法は製品ライフサイクルのあらゆるステージに共通するものである．射出成形，鍛造，打抜きなどの製造業の各工程について解説した文献は数多くある．しかし，決定要因の多くは，技術的な理由より組織的なことが多い．ただし，そのような設計上の決定は，そういった組織的要因にも少なからず影響する．たとえば，以下のものがある．

- 製品開発：開発チームがグローバルに構成されると，コミュニケーションエラー，全体スケジュールの遅れ，品質上の問題につながりやすい．
- サプライチェーンの決定：より大きなサプライチェーンパートナーには，新たなグループ参入者も含まれる．
- 製品・サービスのライフサイクルに関する保守・サポート計画

本書で紹介する手法，すなわち ① 複雑性を表現する尺度を提議し，② 製品のライフサイクル全体にわたる向上に，それら尺度を指標とすることは有効である．キーは，そのような尺度，たとえば DFA における部品点数などを提議することである．

スタンフォード大学の価値づくり設計研究グループは，巻末の参考文献やホームページ（http://mml.stanford.edu）に示すように，多くの技術論文を発表し

てきた．価値づくり設計を学習する際の参考にされたい．

6.3 DFAの基本的考え方

系統的に生産効率を向上させる動きが始まったのは1900年代のことである．ヘンリー・フォード（Henry Ford）が自動車工場のオートメーションを実現して「T型フォード」を世に出したのは1908年，またTaylor[19]による"The Principles of Scientific Management"の出版は1911年のことであった．

その後，1940年代には，工業経営的手法により作業効率が定量的に計測されるようになった．さらに1970年代には，DFAにより製品の組立やすさが，設計段階で組立に要する時間という尺度で定量的に見積もられるようになった．DFAで最もよく知られているのは，BoothroydとDewhurst[1]の著作である．その後も，GE社と1975年から組立性評価法を研究していた日立製作所による手法[3]，Sturgesら[2]によるウェスティングハウス法などがある．スタンフォード大学で教えているのは，ウェスティングハウス法に改良を加えたものといってよいだろう．

組立性を設計段階で評価し，それを向上させる設計を行うことは，部品点数を減らし，組立やすくすることで組立時間を減らす直接的な利点のほか，部品，労賃の観点から，コスト削減，不良品の減少，品質・信頼性の向上を実現する．

DFAの基本的な考え方は，部品点数，扱いやすさ，組付けの三つである．ただし，その三つを追求するあまり，複雑な形状の部品や，製造時のみならず，交換のためのスペアが簡単に手に入らないような設計となってしまったのではいけない．以下に，具体的な例を示して解説しよう．

6.3.1 部品点数

簡単な例であるが，ボルト，ワッシャ，スペーサを考えよう．

図6.1の左図のように，標準部品から3点を選び，組立工程でこれらを合わせて使うように指示するのは簡単であるが，いまでは右図に示すような一体型標準品も数多くある．考え方としては，以下条件がどれも当てはまらなければ，一体化すると組立性は向上する．

6.3 DFAの基本的考え方　75

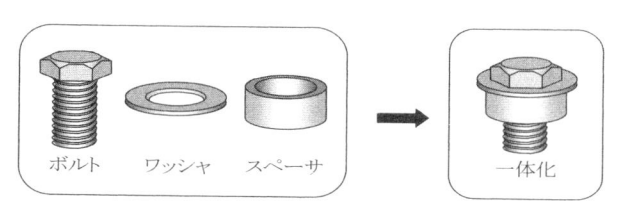

図 6.1　部品点数を減らす

(1) 組立て後，対象の複数部品間に相対運動がある
(2) 対象の複数部品は，材質が違っていなければならない
(3) 対象の複数部品は，組立て後，独立していなければならない
(4) 対象の複数部品は，組立，分解のためにはバラバラにならなければならない

6.3.2 扱いやすさ

組立工程で，各部品をより扱いやすいようにするため，以下点に留意する．

図 6.2 では，左側の部品は，有効な組付け方向が限られている．不要と思える穴や突起であっても，組立時の有効な取付け方向が増えるのであれば，対称とする．

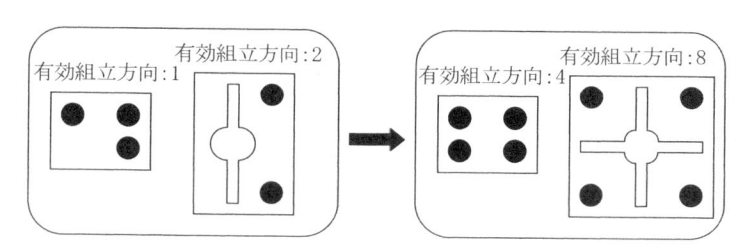

図 6.2　可能なら，対称方向を増やす

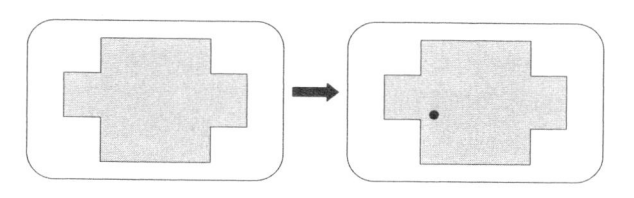

図 6.3　判定しにくい非対称性は避ける

図6.3の部品は，よく見ると四つの切欠きのうち，一つだけ形が違っている．必要があってそうした場合は，一目で形状の違う部分がわかるようにする．

特に電線などの処理では，図6.4の左のように，最後に考えてぶらっと垂らしてしまい勝ちになる．ぶらぶらしたものは，組立のときに扱いにくいばかりでなく，切れるなど，ユーザーが使っているときの故障にもなりやすい．できるだけぶらぶらしたままのものは避ける．

ばねのようなちょっとしたものでも，図6.5の左に示す形状のものは，引っかかりやすい．組立のときに一つずつ部品を取り上げた場合，ほかの同形状の部品と絡み合ってしまう．引っかかりにくい形状を常に心がけないといけない．

設計者は，とかく製品形状にとらわれて，工具アクセスを忘れてしまい勝ちになる．図6.6に示すように，工具が入らなければ組み立てることはできない．また入りにくいだけでも組立や保守に余計な工数がかかってしまう．

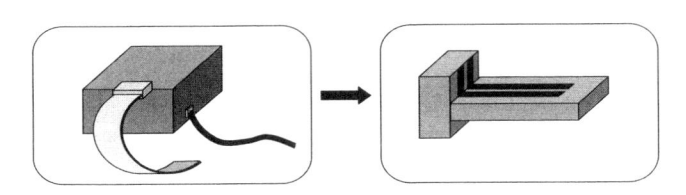

図6.4　ぶらぶらした部品は避ける

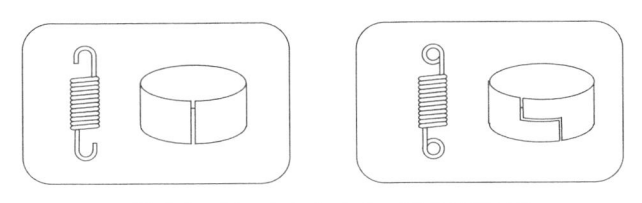

図6.5　引っかかりやすい形状は避ける

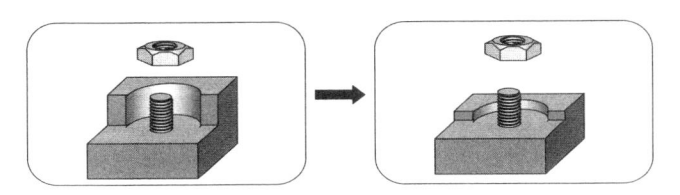

図6.6　工具アクセスは大丈夫か

6.3.3 組付け

組立工程で**図6.7**のように,上からも下からもねじを締めなければならないのは,組立時間をいたずらに長くするだけではなく,不良発生のもとである.

組立性に関する組付け方向は,以下の順でよくなる.

(1) 真上から
(2) 水平方向
(3) 斜めの角度で
(4) 下から

次に組付けのときに,正しい位置が見つけやすいように,自由度を拘束する座ぐりやボスを使うとよい(**図6.8**).形状で位置決めが困難なときは,矢印,ラベル,色などを利用する.位置決め形状や印がないのは,組立性がよくない.

部品を組み付けるときは,何らかの締結法を使用することになるが,ほかの拘束条件(強度など)を無視すれば,以下の順に組立性はよい.

(1) マジックテープ
(2) スナップ(**図6.9**の右)
(3) タブ
(4) ねじ(図6.9の左)
(5) 半永久締結(糊,セメント,溶接,ろう付けなどは組立が遅い)

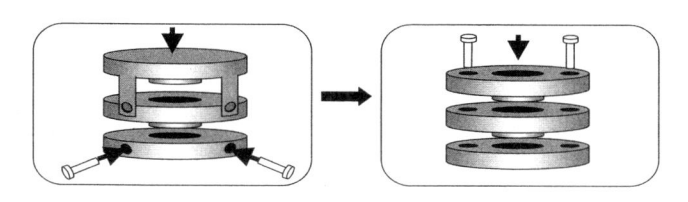

図6.7 組付け方向の数は最小にする

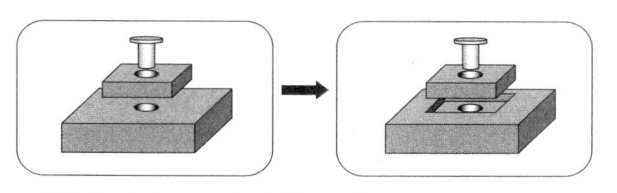

図6.8 座ぐりやボスを使って位置決めをやりやすくする

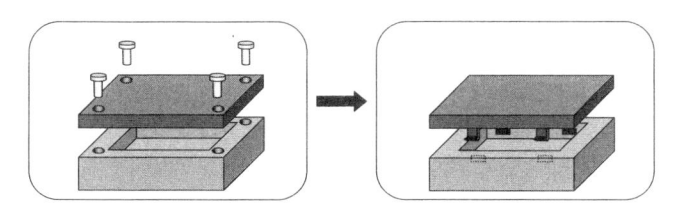

78　第6章　複雑系設計をどう扱うか

図 6.9　一体型締結法の利用

6.4　組立性の定量的評価

本節では，1992年の Sturges[2]らによる組立性の定量評価法のウェスティングハウス法に改良を加えた方法を紹介する．まずは，組立手順線図を作成する．図 6.10 に簡単なサインペンを例にその組立手順線図を示す．

次に，組立性評価表を作成する．表 6.1 に図 6.10 のサインペンの組立性を評価してみる．表中，A～J の数字は，表 6.2 の改ウェスティングハウス法 組

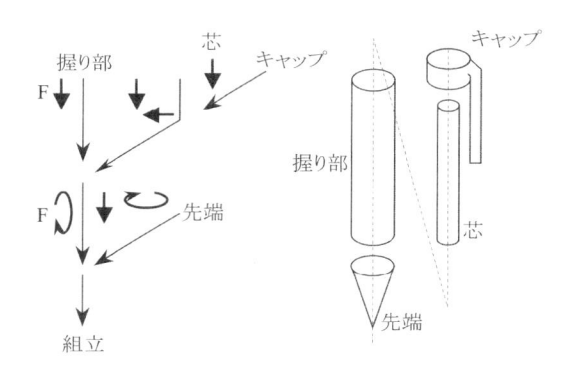

F　：本体（通常，これにほかの部品を取り付けていく）
↻　：回転（全体をひっくり返す，あるいは部品をねじ込む）
↓　：真上から取り付ける
↙　：斜めから取り付ける
↑　：下から取り付ける
←　：横から取り付ける

サブアセンブリ等は，それ用に別の組立線図を作成する．

図 6.10　サインペンの組立順序線図

6.4 組立性の定量的評価　79

表6.1　サインペンの組立性評価表

部品・作業	A 扱い性	B 大きさ	C 厚さ	D 芯合せ	E 部品の異方性	F 取付け方向	G 取付け条件	H 取付け余裕	I 締結部材	J 締結方法	K 作業時間 Σ(A..J)	L 繰返し回数	M 総時間 (K*L)	N 新しい部品	O 部品・作業省略可
1. 握り部		0.1		0.25	1	0.6	2.25				4.20	1	4.20	1	0
2. 芯		0.4		0.25	1	0.6		0.25		1	3.50	1	3.50	1	0
3. キャップ		0.4		0.25	1	0.6		0.90		1	4.15	1	4.15	1	0
4. ひっくり返す							2.25				2.25	1	2.25	0	0
5. 先端		0.1		0.25	1	0.6		0.25		4	6.20	1	6.20	1	0

5	20.30	4
TOP	TAT	NUP

総合評価結果

部品種類数	NUP	4
総作業数	TOP	5
総組立時間	TAT	20.3
部品数　Σ(L*N)	NP	4
平均1作業当たり時間＝TAT/TOP	Tavg	4.06
最小部品数＝NP−Σ(L*N*O)	Pmin	4
組立性評価＝2.35*NP/TAT	AR	0.463
部品効率＝Pmin/NP	PE	1
組立効率＝AR/PE	BDI	0.463

立時間指標による．そのほか，網掛け部分の数字はすべてほかの数字から計算される．

　表6.1に，最終的な指標，組立性評価（AR：Assembly Rating），部品効率（PE：Part Efficiency）が示してある．ARは1個の部品の平均組立時間を2.35秒とみなしたときの総合的な組立性評価であり，平均的な組立であると1.0となる．それより悪くなると1.0より小さくなる．

　　　AR＝2.35×操作数／総組立時間　　　　　　　　　　　　　(6.1)

　式(6.1)より，たとえば部品の直接取付け作業以外の段取りなどに時間がかかるとARが小さく，すなわち組立性評価が悪くなることがわかる．サインペンの例では，先端を取り付ける際のねじる動作が大きな作業ロスを生むことがわかる．

表 6.2　改ウェスティングハウス法組立時間指標

A. 扱い性
時間	条件
0.5	重い
1.0	壊れやすい
1.5	絡まる
2.0	ピンセット使用
3.5	他の道具使用
6.0	絡まりがひどい

B. 大きさ
時間	条件
0.0	>12mm
0.1	6 〜 12mm
0.4	2 〜 6mm
0.6	<2mm

注：挿入方向<4 →2倍

部品を包み込む最小直方体の一番長い辺

C. 厚さ
時間	条件
0.0	>2mm
0.2	0.5 〜 2mm
0.5	<0.5mm

注：挿入方向<4 →2倍

部品を包み込む最小直方体の一番短い辺

D. 芯合せ
時間	条件
0.25	2以上
1.0	1（わかりやすい）
1.5	1（わかりにくい）

E. 部品の異方性
時間	条件
0.5	2以上
1.0	1（わかりやすい）
1.5	1（わかりにくい）

F. 取付け方向
時間	条件
0.6	真っすぐ下
1.4	横から
1.7	斜め，ねじり
2.0	上向き

G. 取付け条件
時間	条件
1.25	動きが拘束される
1.35	一時的に押せる
1.50	両手が必要
2.25	回転・固定が必要
6.00	柔らかい

H. 取付け余裕
時間	部品に対する隙間
0.25	十分な余裕 (10〜50%)
0.90	小さい (1〜10%)
1.60	かなり小さい (<1%)

I. 締結部材
時間	条件
0.0	座金
1.0	ピン
2.5	止め輪
4.0	ねじ
5.0	ナット
6.0	リベット

J. 締結方法
時間	条件
1	スナップ
3	曲げ，かしめ
4	ねじ
5	瞬間接着剤・押しピン
7	ハンダ
9	ろう付け
11	接着剤

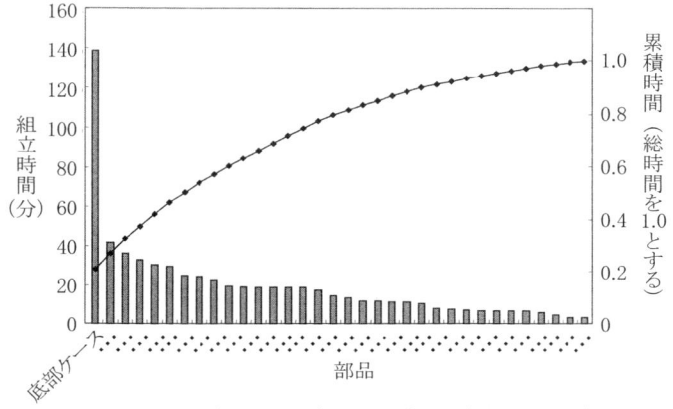

図 6.11 ある自動車サブアセンブリの各部品組立時間

一方の部品効率は，式(6.2)で表され，やはり 1.0 を最高に，部品効率が悪くなると数字が小さくなる．

$$PE＝最小必要部品数 / 総部品数 \tag{6.2}$$

表 6.1，表 6.2 の数字は，あくまでも指標であり，読者は各事業に応じて独自のガイドラインを作成することをすすめる．

図 6.11 は，ある自動車会社で，あるサブアセンブリの組立性を評価した結果である．その結果，底部ケースを取り付けるために，上向きに締結しなければならないボルトの数が多く，それが原因で全体の組立効率が悪くなっていることがわかった．次期モデルでは，このサブアセンブリの設計がやり直されたのはいうまでもない．

6.5 製造性設計

機械設計を学ぶ際，初心者が陥りやすい間違いに，製造できない形状を設計してしまうことがある．いまや，製造技術の進歩で製造できない形状はまずないが，製造に大きなコストがかかってしまっては，利益を生むことはできない．例えば，図 6.6 の左の形状において，ねじを切った丸棒が突き出ているが，通常の感覚では，このブロックに丸穴が開いていて，下から六角ねじを突き刺したと考える．これを 図 6.1 よろしく，一体物としてつくろうとすると，とん

でもないコスト高になる．ただし，この形状を何100万個もつくることになれば，深部まで届くねじ切り用バイスや，ナットを締める特別の工具を別に開発してでも一体物として，この形状を実現する金型を考えることになる．

このように生産量に応じて，最適な工程が違うことは図5.1に示した．本節では，すでに工程が決まっているものとして，その工程の中で最適化を行うことを考える．あらゆる製造工程を取り上げて詳しく述べることはできないので，身近な工業製品の全体を包み込むボディ（以前は筐体と呼ばれていた）の製造によく使われる射出成形工程についてざっと見ることにする．

6.5.1 射出成形の概略

図6.12に射出成形の概要を示す．材料のプラスチックは，ペレットと呼ばれる小粒の形でホッパから供給される．ホッパからバレルの中に落ちたペレットは，送りねじにより攪拌されながら遷移部で加熱により溶融する．図中，左端の左型は，油圧により左右動し，右型に押し付けられて射出準備が整う．この状態で射出モータの回転により，バレル内を押出し送りねじが左に押され，溶融プラスチックが一気に左右合わさった型内部に押し出される．製品側のプラスチック射出口をゲートというが，この図のようにゲートが一つということ

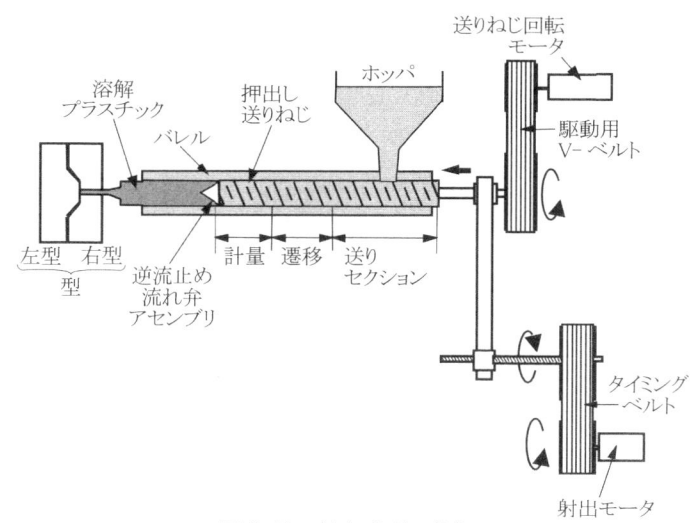

図6.12 射出成形の仕組み

はまずなく，製品形状に応じて複数個設置するのが通常である．二つの型は，合わさったままプラスチックが十分に形状を保てるようになるまで冷やされる．この後，左型は離れ，できあがった形状を押し棒によって右型からはがして成形が終了する．射出成形全般については Malloy の著書[20]があり，型設計については，Menges らの著書[21]が詳しい．

6.5.2 材料の選定

プラスチックと一言でいっても，その材質により，特性や挙動，さらには製品製造中の特性も違う．射出成形工程を選択しても，材料選定 → 詳細設計 → 製造と単純に設計・製造が進むわけではない．詳細設計の結果材料を選定し直して，もう一度詳細設計，あるいは試作品製造までこぎ付けたものの，材料選定からやり直しということもある．しかし，そういったやり直しの回数を最小化し，できれば0にするのがよい設計であり，設計段階で製造時の材料特性を理解することは重要である．

プラスチック材料の選定を行うときは，消去法によるのがよい．製品の使用環境を考えて，どうしても使えない材料は，不可として選択肢から外しておくと，後から別の材料を選定し直すときに選択肢が少なくてすむからである．まずは，使用環境からの消去では，化学特性，可燃性，耐紫外線性，着色性などを考える．

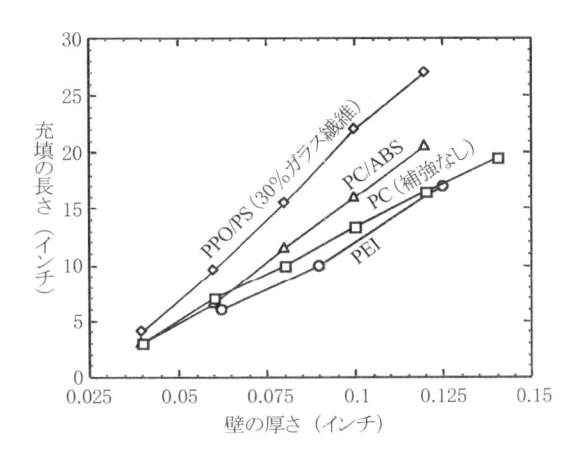

図 6.13 プラスチック材料と充填長さとの関係

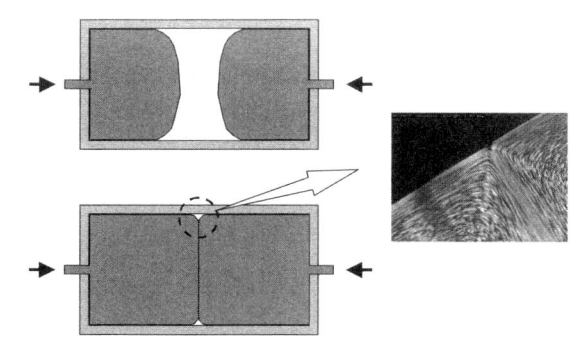

図 6.14　プラスチック素材と充填長さの関係

次に，詳細設計と共に，強度，射出サイクル時間の要求，表面の硬さ，型への充填性，寸法精度[22]などを考える．たとえば，**図 6.13**にいくつかの材料と充填長さとの関係を示す．

充填長さというのは，型の内部で溶融プラスチックが固まり始めるため，プラスチックの充填のための移動距離をそれ以上長くすると欠陥ができる長さ限界のことである．**図 6.14**のような単純化した長方形断面の充填を考えよう．ゲートは左右から二つである．充填が進むうちにプラスチックが冷えて固まるわけであるが，これが早く固まりすぎると中央部が充填されずに細い溝が残る．充填長さを十分考慮しないで設計されたプラスチック製品には，このような欠陥が見られることがあり"ひげ"と呼ばれる．このような問題が考えられるときは，射出サイクルを犠牲にして射出温度を上げる，またゲートの数を増やすなどの設計やり直しをしなければならない．

6.5.3　形状に関する注意

射出成形で考慮しなければならない製品形状は，この充填長さに始まり，さらに初歩的なものとして，**図 6.15**のように，均一な肉厚を実現するため，

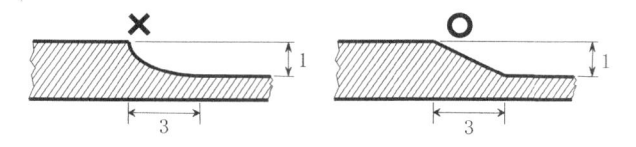

図 6.15　厚みの変化は徐々に

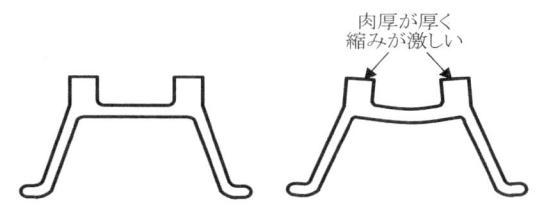

図 6.16 肉厚部の縮みによるひずみ

急激な厚み変化を避けるということもある．

つくってみたら，設計しなかったひずみや凹みなどが発生することもよくある問題である．図 6.16 の左図を見てみよう．一見，問題ない断面のようであるが，肉厚部分ではその部分の熱容量が大きいため，薄い部分より遅く冷えるという特徴がある．このため，できてみたら，右図のような形状になってしまう．

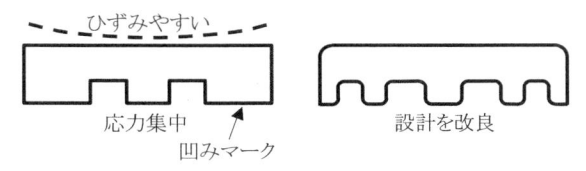

図 6.17 肉厚部によるひずみをなくす設計改良

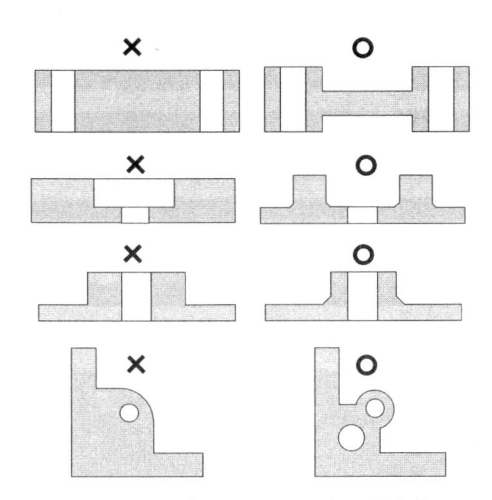

図 6.18 肉厚部をなくす設計改良

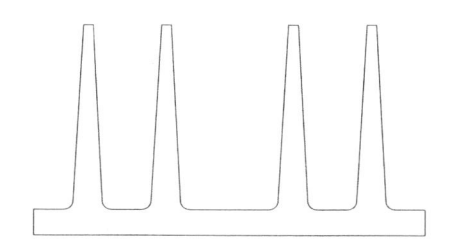

図 6.19 あまり高い形状は金型切削が困難

図 6.17 の左図も，肉厚部の局所的熱容量の問題で ひずみや凹みが生じやすい．同右図のような設計改良が必要である．

図 6.18 の左側に，よくある肉厚に対する考慮を欠いた設計と，その右側にそれぞれどうすればよいか示す．

6.5.4 射出成形工程のコスト計算

図 6.19 は，肉厚部を避けることに気を取られすぎて高い形状をつくってしまったものである．肉厚が均質という観点からはよいが，このような高い形状を実現する金型の切削費用が高くなってしまい，よい設計とはいえない．

このように，射出成形工程を設計に含めるには，Beiter と Ishii [23] が指摘したように，総合コストを考えなければならない．一般的な手法では，製品1個当たりの単価を次の式で計算する．

$$
\begin{aligned}
単価 = &(材料コスト) \times (パーツ容積) \\
&+ (機械コスト) \times (サイクル時間) \\
&+ (型コスト) / 総生産量 \quad (6.3)
\end{aligned}
$$

しかし，この式を見せられても，材料コストとパーツ容積は機械的に出てくるが，ほかの項をどう計算すればよいか，はたと困ってしまう．Dixon と Poil は，金型コストを六つの数字で評価，工程コストを五つの数字で評価する方法を発表した [24]．その中で，金型コストの計算では，以下の六つの情報を定量的に評価した．

(1) 形状複雑性
(2) パーツサイズ〔代表寸法(最大寸法)〕
(3) 詳細形状（リブ，ボス，穴の数）
(4) 外部アンダーカット
(5) 表面仕上げ
(6) 寸法精度

さらに工程コストについては，次の五つの情報である．
(1) フィーチャの複雑性
(2) 肉厚
(3) ねじ部やインサートの鋳込み
(4) 表面仕上げ
(5) 寸法精度

この Dixon と Poil [24] の評価を利用することで，工程が詳細に決まっていなくても，設計段階で射出成形工程による製造コストを見積もることができるようになった．

6.5.5 製造性設計のまとめ

本節では，製造性設計を考える例として射出成形工程を取り上げた．ほかの工程にもここで取り上げたように様々な手法があり，自分が任された工程については，それら手法を熟知する必要がある．このような手法を適用することによって，コスト・品質・市場投入までの時間を考えることになる．また，それら手法の適用には現場の知識や，業者とのやり取りの経験が必要である．製造性を考えた設計をするということは，デスクや CAD 端末を前に考察するだけではまったくないのである．

6.6 その他の複雑系設計

本章では，複雑系設計として代表的な DFA，それから製造性設計の例として射出成形を取り上げて詳しく見てきた．これら以外の複雑性設計では，製品ファミリーのための設計，ライフサイクルコストのための設計，サプライチェーンのための設計，保守性のための設計，環境のための設計など，実に様々な観点から設計を評価することが，現代の設計者には求められる．

本章の残りでは，保守性のための設計とサプライチェーンのための設計について簡単に触れておく．

6.6.1 保守性のための設計

ひと昔前の設計という作業では，製品性能のみを考え，上級設計者になるとせいぜい製造性を考える程度であった．ところが，市場に提供した製品の保守,

製品ファミリーにおける共用部品を含めた設計，ユーザーから回収した廃棄製品の部品リサイクル，最近，特にいわれ出した環境保護まで考えるようになってきた．これらすべての要因を考え合わせ，総合的に利益を最大化することを目指すのがライフサイクルコストのための設計である．

この考えるという作業，設計者が図面を前に保守性や環境保護に思いを馳せて，「まあ，こんなもんでいいだろう」では困るのである．一人よがりの設計を避けるためにも，定量的にライフサイクルの観点から設計を評価する手法が大切である．もう一度，どういった性能が製品に求められるかを列挙してみると，以下のものを挙げることができる．

- 製造性がよいこと
- 組立性がよいこと
- 製品試験がしやすいこと
- 信頼性が高いこと
- 保守性がよいこと
- 運搬がやりやすいこと
- リサイクル性がよいこと
- 環境を保護すること

ライフサイクルのための設計では，これら性能を個々に追求して最大の利益を生むかというとそれはなく，これらの要因すべてが互いに影響し合うことを認識しなければならない．たとえば，組立性をとことん追及すると，部品点数がどんどん減る．しかし，市場に投入された製品に不具合が生じ，保守をしなければならなくなったときに，修理が非常に困難であったり，あるいは不可能に近いような製品ができ上がったりしてしまう．

ここで，保守性を考慮して設計を改良した例を紹介しよう．図 6.20 は，あるインクジェットプリンタ改良前後の保守性の評価である．この図をクメンタ (Kmenta) の保守性チャートと呼ぶ．製品全体を保守単位の構成サブアセンブリに分け，横軸に保守の工数，縦軸に保守の頻度をそれぞれ正規化して示してある．目標は，各構成サブアセンブリが図中の網掛けの領域にプロットされるよう設計することである．たとえば，図中左上のインクは，なくなると補充しなければならず保守の頻度が高いが，その分，補充が簡単にできるよう工夫されている．それに対して，製品のフレームが壊れることはめったにないが（保守頻度が低い），一旦壊れると保守に工数がかかる．

改良前の製品には，上のチャートに示すように，この網掛けの領域を大きく

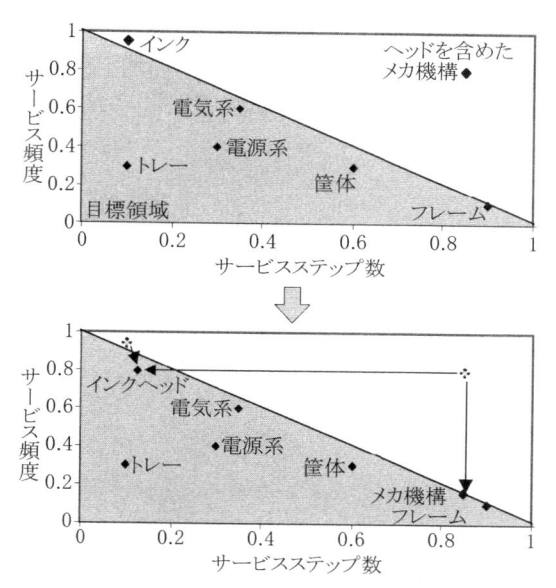

図 6.20 インクジェットプリンタのクメンタチャートによる保守性評価

外れるサブアセンブリがあった．すなわち，印字ヘッドを含めた印字メカニズムである．問題は印刷中酷使される印字ヘッドが，しばしば壊れるのに対して，それが印字メカニズムの一部であったため，交換に手間がかかった．

これをそのまま図中の網掛けの領域に入れるのは困難であり，そこで，印字ヘッドを印字メカニズムから外してインク供給サブアセンブリと一体化し，印字メカニズムと切り離した．印字メカニズム自体は，ヘッドのように印刷紙に打ち付けられることもないため損傷頻度は低い．また印字ヘッドは，インク供給サブアセンブリと一体化されて，インク交換の際，至極簡単に一緒に交換されることとなった．こうして，インクジェットプリンタの機能を損なうことなく，頻繁に故障してはその交換に工数がかかっていた印字ヘッドを含めた印字メカニズムがなくなり，製品としてのライフコストは大いに改善された．

6.6.2 サプライチェーンのための設計

ひところ前からサプライチェーンマネジメントという言葉がよく聞かれるよ

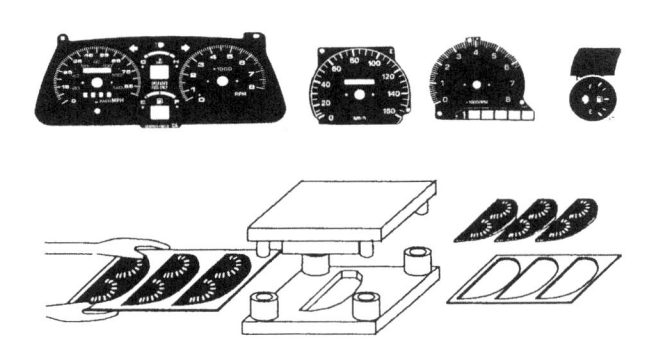

図 6.21 あるインパネメーカーの文字盤とそのためのダイス

うになった．これは，自社内の工程だけではなく，部品供給業者まで含めて全体の効率向上を目指す管理法である．ここで間違えてはいけないのは，全体の効率向上のため，個々の部品供給業者の効率向上を最終製品業者が管理するという単純なことではない．供給を含めた全工程を眺め，効率向上のために，時には業者が行っていた工程を最終製品業者で行うよう工程を移動させたり，またその逆もあったりするなど，マクロ的な全体管理を考えるのがサプライチェーンマネジメントである．

ここでは，ある自動車部品メーカーの例を挙げてサプライチェーンマネジメントを紹介しよう．このメーカーでは，複数の自動車メーカーに計器パネル，いわゆるインパネを供給している．メーターの種類だけでも 2 000 種類，生産量は月産 100 万を超える．この製品群を支えるメーター盤の打抜きダイスは 800 個あり，1 日のダイス取替えは 160 回を越える（図 6.21）．

さて，この日本の部品メーカーは，顧客生産拠点の海外進出に伴い，部品の最終組立工程の海外移転を行った．海外拠点では，簡単なパーツ製造と最終組立を行っていたが，顧客への最終製品部品の供給が安定しないという問題を抱えていた．

そこで，最終製品の部品のリードタイムと製品差別化に対する共通性をプロットしてみると，図 6.22 に示すようになった．

すると，差別化に重要な速度計のリードタイムがパーツの中でもとりわけ大きいことがわかった．最終製品の心臓部となるメーターの針駆動機構は文字盤

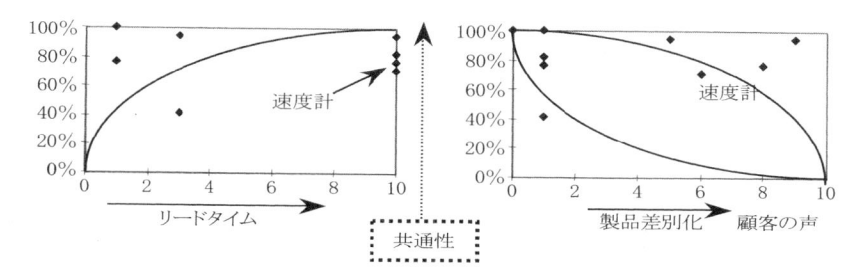

図 6.22 インパネ部品のリードタイムと差別化・共通性(横軸は最大 10 に正規化してある)

と組み合わさって日本から供給されていたのである.

この状態を打破するために，速度計を二つの部分に分け，メーターの針駆動機構は日本から供給，一方，差別化を実現するメーターの文字盤を現地で製造し，後で針駆動機構と合わせることにした．そうすることで，顧客からの急な発注や需要変動に対して，現地工場でそれらに対応して文字盤を製造，共通パーツの針駆動機構と組み合わせて素早く対応することができるようになり，全体的な最終製品部品の供給は安定した．このように，リードタイムの長いパーツは見直してやると，その製造工程順を根本的に変えるような対応が功を奏することが多い.

以上，複雑性設計の組立性，製造性についてある程度詳しく紹介し，そのほか多くの複雑性の中から，ライフサイクルの中でも保守性と，サプライチェーンについて適用例を紹介した．いずれの手法も，設計者の勘に頼ることなく，定量的な評価が重要である.

【演習】
自分たちのプロジェクトに関連の強い複雑性を三つ挙げ，その中で最も関連の強い複雑性について解析し，残り二つについて，解析の方法を調査しよう.

第7章　スコアカード法－製品の成否を見極める

7.1　スコアカード法とは何か

　スコアカードは，工学に限らず，政治，経済，スポーツなど様々な分野で使用される．スコアカードを利用することにより，総合的な目標をはっきりさせ，それを達成するための小目標も明確になり，決定要因や，価値づくり設計でノイズと呼んでいる不確実要素も明らかになる．スコアカード法のキーは，伝達関数，すなわち目標(Y)と制御要因(X)，それにノイズ(V)の関係を示すものである．

　わかりやすい例として，ゴルフについてスコアカードを考えてみよう．これは，各ラウンドのスコアを記録するいわゆるスコアカードとは違う．

　プロゴルファーにとって総合的な目標は何だろうか．タイガーウッズ(彼はスタンフォード大学の卒業生だが)のようなトッププレーヤーは別として，プロゴルファーにとっての最終目標〔これを"最大 Y(biggest Y)"と呼ぶ〕は，年間の獲得賞金であろう．そうすると，以下のように各要因を書くことができる．

最大 Y：年間獲得賞金(もしくは，それに強い相関を持つ年間ランキング)
目標 Y：年間獲得賞金を支える尺度
　　　　ビッグ Y：各トーナメントの順位
　　　　スモール y：各ショットの正確性
制御要因(重要 X)
　　　　各ショットでのクラブ選択
　　　　スィング強度(フルスィングに対する%)
ノイズ要因 V
　　　　プレーヤーの体調(食当たり，前日の夜更かし)
　　　　環境要因(ボールのライ，風)

伝達関数
　　　　練習ラウンドに基づく回帰モデル

時間があれば，スポーツ理論に基づいてもっと精緻な伝達関数を定義することもできるが，問題は投資とその結果のバランスである．スコアカード法で最も重要なことは，これまでに説明してきた QFD などの価値づくり設計の手法を使ってプロジェクトの目標，関連する決定要因，そして何よりも不確実性要因の影響を明確にすることである．

7.2　製品開発のためのスコアカード法

スコアカード法は，あらゆるプロジェクトに適用できるが，本書では，製品開発のスコアカード法を扱う．ほとんどのプロジェクトでは，トップの目標尺度はプロジェクトの正味現在価値(NPV：Net Present Value)，あるいは投資回収率(ROI：Return on Investment)，さらに投資・売上等価時期(BET：Break Even Time)である．これらの視点は，第 4 章で見た"よい設計"のための機能(売り)，コスト(複雑性)，市場投入までの時間(投資)に対応している．図7.1 に NPV / ROI の高い，よい設計の 3 要素を示す．すなわち，工学尺度(EM)で定量された機能改良，提供可能なライフサイクルコスト，そしてタイミングのよい製品投入(TTM：Time to Market)である．

スコアカードは，製品開発の各段階，あるいは評価対象により，様々なもの

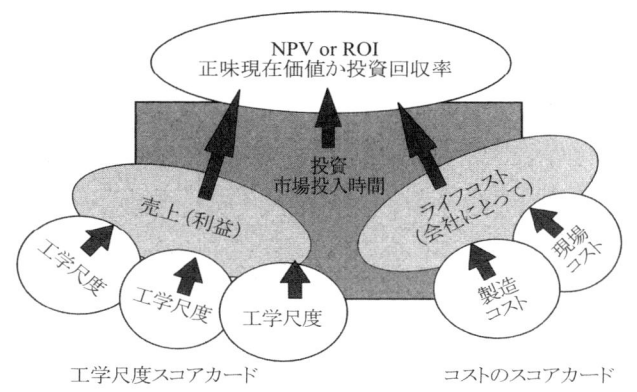

図7.1　NPV(最大 Y)に対する機能，コスト，時間の関係

をつくることができる．つまり，事業レベル，あるいはシステムレベルで，また，生産やサプライチェーンについて分析することもできる．私たちの生産モデル研究所では，数多くのスコアカードを作成してきた．以下に，いくつか例を挙げて概要を示す．

7.2.1 事業レベルの例：学校用マルチメディアプロジェクタ

最大 Y：学校用市場占有率(売上増大)

ビッグ Y：

　　適切な機能：明るさ，映像の品質，互換性(機能)

　　生産と流通の複雑性(コスト)

重要 X

　　個々の技術選択(例：ランプ)，操作ボタンの配置

　　メニューの設計，材質，生産・サプライチェーンの決定

ノイズ要因 V

　　雑多な使用者の好みの ばらつき

　　保守契約の ばらつき

伝達関数

　　結合解析(Conjoint Analysis)を適用

7.2.2 サブアセンブリレベルの例：マルチメディアプロジェクタ用光学レンズ枠最適化

最大 Y：コスト削減を通した NPV(部品コスト)

ビッグ Y：

　　生産コスト

　　光学レンズ枠コスト

重要 X

　　材質と製造工程の選択

　　幾何的設計

ノイズ要因 V

　　材料特性の ばらつきとコストの不確定性

　　製造上の ばらつき

伝達関数

  部品性能とコスト見積もり

7.2.3 製品プラットフォームの例：ワークステーションシャーシの共通化

最大 Y：コスト削減を通した NPV（製造複雑性のコスト）

ビッグ Y：

  労賃と材料費

  製品群の個別設計による一般管理費

重要 X

  シャーシの設計

  材料と製造工程の選択

ノイズ要因 V

  市場要求の構成

  製造や材料の品質とコストばらつき

伝達関数

  製品ファミリーコスト評価

7.3 スコアカード法適用のキー

 先に述べたように，スコアカード法は，製品開発プロジェクトの目標を明確にし，プロジェクトチームの合意を得て方向を見定め，開発プロセスをとおして達成度を測るための手法である．価値づくり設計で提供するほかの手法もすべてそうであるが，スコアカード法はプロジェクト成功のための指針である．チームメンバーは，結果を解析し，プロジェクトで困難なプロセスはどれかを同定し，必要に応じて調整や改良を行わなければならない．

 プロジェクトを追跡管理するための定量的手法は，多くの企業で試されてきた．これまでの例では，表の空欄を埋め，数字を書き込むのに時間を費やしてきたため，成果はバラバラであった．スコアカード法の利点は，そのプロセス自体にある．すなわち，チームワーク，解析結果の分析，そして結果を進行中のプロジェクトに反映することであると考えている．

7.4 正味現在価値計算の実際

正味現在価値 NPV は，エクセルの標準関数としても提供されており，次の式で表される．

$$\text{NPV} = \sum_i \frac{\text{Value}_i}{(1+\text{Rate})^i} \quad (7.1)$$

通常，年単位で計画を立て，i の収益 Value_i を予測して計算する．Rate は，割引率と呼ばれるが，各事業体，あるいはプロジェクト単位でこれに代入する率を決めるのがよいだろう．考え方として，同じ資本を別のプロジェクトや銀行に預けて期待できる利益率がわかっていたら，少なくとも，分析中のプロジェクトにはそれと同等の利益率を期待したいからその率を使用する．

式(7.1)の NPV は，分析しているプロジェクトのライフサイクルにおいて，投資，コスト，収益を予測して，当該プロジェクトの現時点での価値を表している．たとえば，次のようなプロジェクトを考えてみよう．

社内で新規製品の開発を考え，初年度はプロジェクトマネージャ1名，エンジニア2名，新人2名の5名体制でスタートする．ソフトは外注し，設備に2,000万円かける．初年度売上はないものの，2年目の1,200万円に始まり，その後徐々に売上が伸び，5年目には6,000万円にもなる．

このプロジェクトの5年収支計画を**表7.1**に示す．売上増大に伴うサポートコストが少しずつ上昇するものの，売上が順調に伸びて魅力的に見える．しかし，割引率，すなわち投資回収率を10%に設定すると，NPV がマイナス5,600万円にもなる．10%の回収率が臨めるほかのプロジェクトがあれば，5年間の収益で見ると，このプロジェクトは魅力がないことになる．一方，割引率を5%とすると，NPV が4,300万円と十分魅力のあるプロジェクトである．

ここで重要なことは，表7.1の売上は，単に山勘で記入するのではなく，図7.1に示したように工学尺度に基づいた数字を入れることである．たとえば，第3章で説明した品質機能展開により，顧客満足度を計算し，市場にある他社のモデルと比較解析して市場の獲得率を予想することである．

表 7.1　あるプロジェクトの 5 年計画と NPV(単位: 千円)

		1 年目	2 年目	3 年目	4 年目	5 年目
A：直接費	人件費	6,000	3,000	3,200	3,400	3,500
	設備・機材	20,000	1,000	0	1,000	0
	材料費	1,000	2,000	4,000	4,000	6,000
	ソフト外注費	40,000	2,000	2,000	2,000	2,000
	保証	0	1,200	2,400	2,500	3,000
	旅費	2,400	1,200	1,200	2,400	1,200
	合計	69,400	10,400	12,800	15,300	15,700
B：間接費	間接人件費	500	500	700	800	1,200
	光熱費	100	100	100	100	100
	通信費	100	100	100	100	100
	合計	700	700	900	1,000	1,400
C：費用合計(A+B)		70,100	11,100	13,700	16,300	17,100
D：売上		0	12,000	24,000	50,000	60,000
収益(Value)：D-C		-70,100	900	10,300	33,700	42,900

E：正味現在価値(NPV)		各年の正味現在価値への寄与分 Value/$(1+Rate)^i$					NPV(5 年分計)
割引率(Rate)	5%	-66,762	816	8,898	27,725	33,613	4,290
	10%	-63,727	744	7,739	23,018	26,638	-5,590

次に，事業計画レベルでの解析例として前節で紹介した学校用据付き型マルチメディアプロジェクタの結合解析を見てみよう．

表 7.2 は，ある光学機器会社において(a)〜(d)の明るさと値段で新モデルを市場に投入したときの，自社新旧モデルと競合 A 社，B 社の四つのモデルが市場をどう分けるか，また消費者が四つのモデルのどれを第 1 候補として選ぶか結合解析した結果である．現モデルは市場で優位〔(a)，3200 ルーメン，

表 7.2　マルチメディアプロジェクタの結合解析

新モデルの明るさと値段	(a) 3200 ルーメン 値段 $9,500		(b) 3200 ルーメン 値段 $9,000		(c) 3500 ルーメン 値段 $10,000		(d) 3500 ルーメン 値段 $9,000	
	市場	第1候補	市場	第1候補	市場	第1候補	市場	第1候補
自社旧モデル	27%	0.33	25%	0.25	26%	0.24	25%	0.22
競合 A 社	25%	0.34	25%	0.32	26%	0.34	25%	0.32
競合 B 社	23%	0.07	4%	0.06	23%	0.04	23%	0.04
自社新モデル	25%	0.26	26%	0.37	25%	0.38	27%	0.42

$9,500$. ルーメンは光源での単位面積当たりの明るさの単位]にあるものの,このままでは新機種を発表した競合 A 社,B 社に市場を奪われる.そこで,新モデルを開発することにしたが,値段を下げて明るさはそのままにする(b)か,明るくして値段を上げる(c)か迷っていた.そこで,顧客を対象にアンケート調査を行い,それをもとに四つの条件で,新モデルを市場に投入したときの獲得率をシミュレーションにより算出したものが表 7.2 である.このプロジェクタが一般のものと違うのは,据置き型であることと,学校用ということである.プロジェクタのユーザーがそれぞれの PC を持ってきて投影を行うため,接続 PC は幅広い機種に対応できること(PC とマッキントッシュ),明るさは犠牲にできず,むしろ現状よりもっと明るい機種,さらに寿命やランプ交換時期の長い機種が,そのために多少値段が高くても望まれていることがわかった.ただし,現モデルより高くなれば購入をするのは困難である.

この会社では,表 7.2 の結果を受け,旧モデルの市場が小さくなっても新モデルの市場獲得が最大になる(d)の 3 500 ルーメン,$9,000 という目標を掲げて,設計,製造工程などをやり直した.図 7.2 は,そのときに,これら目標を実現するための要因重要度である.この図から,段取り時間が大きく製品コストに影響していることがわかり,製造性設計を徹底的にやり直し,性能向上とコスト削減を実現したわけである.その結果,新モデルを市場に投入するや,

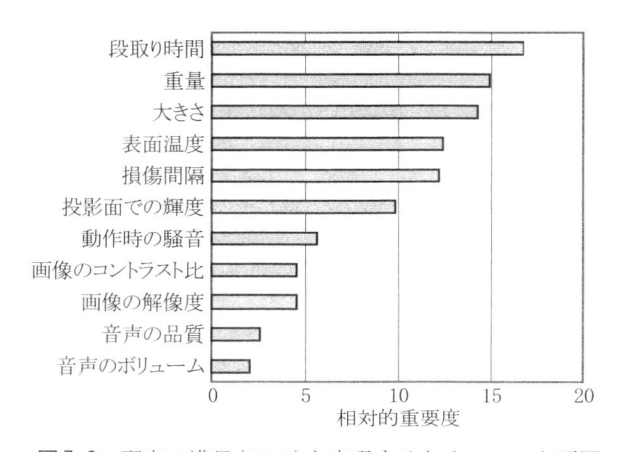

図 7.2 顧客の満足(VOC)を実現するためのコスト要因

その売上を大きく伸ばすことができた．図 7.2 のような図をその形状からトルネード図などと呼ぶ．最終目標を実現するためにプロジェクト全体の中で何を見直せばよいのかがよくわかる．

表 7.1 は単純な構造なので，読者は自分のプロジェクトについてこの NPV の計算表をつくってみるとよい．そして売上，コストなど，見積もりが外れることも考慮してそれら数字をずらし，それが NPV に与える影響も見てみるとよい．いわゆるセンシティビティ解析である．機能やコストの面からベストと思われる設計であっても，センシティビティが悪い，すなわち不確実要素のばらつきに対する応答の ばらつきが大きいために，二つ目によさそうに見える選択肢を選ぶことはよくあることである．

以上，見てきたように，スコアカード法では，最終目標である"最大 Y"，それを支える"ビッグ Y"，さらに細かい"スモール y"，制御要因の"重要 X"とノイズとなる"V"をプロジェクトチームで確認し，NPV を計算することによって，計画しているプロジェクトが投資上魅力あるものかどうかが判断できる．大事なことは，このプロセスを通じて開発チーム内部の意識の統制が取れ，強いチームワークを形成してプロジェクトを遂行できることである．

また，一度 NPV 解析を行ったからといって，いつまでもその結果に固執してはいけない．最近の消費者市場に向けた電気製品の寿命は特に短くなってきている．身近な例では，携帯電話器の市場での寿命を考えるとよい．だから，スコアカード法，その結果を受ける NPV 解析は，1〜3 カ月毎に 1 回の頻度で行うのがよいだろう．

【演習】
(1) 自分たちのプロジェクトの売上計画をたて NPV を計算しよう．プロジェクトのライフ年数が決まらなかったら，3 年と仮定すること．また割引率は 10 ％として計算すること．
(2) (1)で計算した NPV を決定づけるコスト要因を大きい順に三つ挙げよう．そのうち，最大要因によるコストを削減するにはどうすればよいか述べよ．

エピローグ：これからの価値づくり設計

これからの価値づくり設計を考えるとき，最も重要なのは"新しい価値を創造すること"である．私たちの講座は，組立ラインの効率に始まり，もっと広義の製造価値として，顧客との折衝，システム設計，市場投入時期の検討，保守とサポート，製品ライフ終了など，多くの手法を取り込んできた．結果として，投資者，エンドユーザー，サプライチェーンのパートナー，地球自体（環境保護など）と，より広範囲の人や物を対象と考えるようになった．今後の価値づくり設計はどういう方向を向いているのだろうか．筆者は，三つの大きな方向を挙げたい．

(1) 3分野での新しい価値：製品，生産・商品管理，顧客との相互作用
(2) パーソナル化に焦点を当てた新技術の導入
(3) 製品プラットフォームと全体構成のグローバル化

E.1 多分野での新規価値を生み出す革新

開発者は，大抵，製品技術に新しい価値を見出そうとする．たとえば，新しい自動車用動力源，新しいデータ保存方式，新しいセンサや変換器といったものである．筆者は，"革新"は製品技術に限られるものではなく，ほかの分野でも現れるものであると考えている．

図E.1は，今後革新が起こるであろうと私たちが考えている3分野である．

(1) 製品技術

これは，上述したようにいわゆる技術革新である．図(a)には，移動式X線装置を示している．

(2) 生産・商品管理手法

トヨタ生産方式，DFAなどの生産やサプライチェーンに関する革新である．過去100年間のこの分野での革新は，製品革新を効果的に消費者の手もとに届けたのである．図(b)は，DFAでの革新例を示している（1980年代のIBMプロプリンタ）．

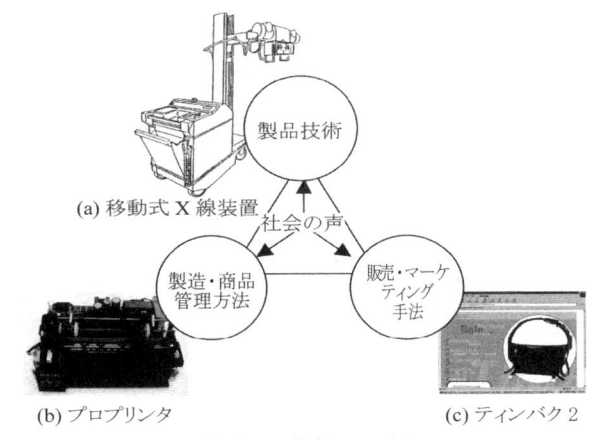

(a) 移動式X線装置
製品技術
社会の声
製造・商品管理方法
販売・マーケティング手法
(b) プロプリンタ
(c) ティンバク2
図 E.1　革新の3分野

(3) 顧客との相互作用

この分野の革新は，企業の，顧客との情報交換のやり方を大きく変えてきた．図(c)のティンバク2社(Timbuk2, www.timbuk2.com)がよい例である．この会社では，消費者がインターネットで自分のかばん(手さげかばん，パソコンケースなど)をデザインし，発注すると，そのカスタム仕様の かばんを素早く消費者の手もとまで届けるサービスを提供している．

新製品の市場導入の際，キーとなるのは市場の動向を知ることである．つまり，社会の声とこれら革新分野をいかに合流させるかである．製品によっては，一面のみから発信することがある．たとえば，フラッシュメモリのような新製品である．しかし，独走体勢で始まった市場も，製造，サプライチェーン，顧客の声に代表される市場の動向など，注意深く見続ける必要がある．これまで10年以上続いてきたスタンフォード大学の価値づくり設計での経験では，製品開発者は，これら三つの方向を常に意識しなければならないのである．

E.2　無定形製品パーソナル化の動向

スタンフォード大学での価値づくり設計では，ここのところ"パーソナル化"に焦点を当てて他社製品との差別化を図るプロジェクトが増えてきた．過去の消費者動向を考えても，人は，自分のニーズや個人的な嗜好に，カスタマ

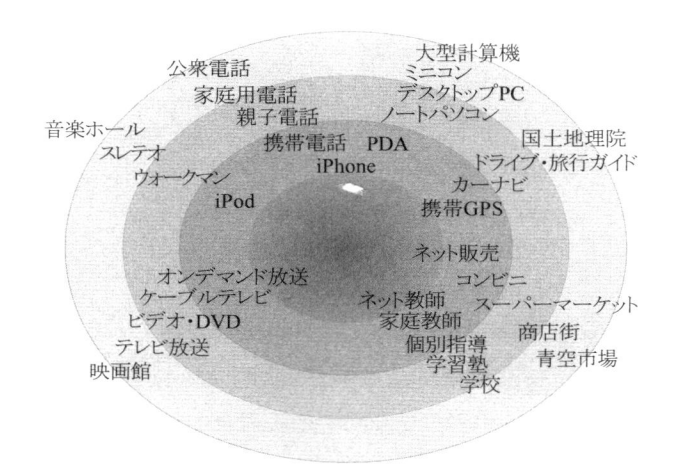

102　エピローグ：これからの価値づくり設計

```
                    大型計算機
          公衆電話    ミニコン
          家庭用電話   デスクトップPC
              親子電話  ノートパソコン
音楽ホール
   ステレオ     携帯電話 PDA         国土地理院
   ウォークマン      iPhone    ドライブ・旅行ガイド
          iPod          カーナビ
                     携帯GPS

                    ネット販売
          オンデマンド放送     コンビニ
          ケーブルテレビ  ネット教師  スーパーマーケット
          ビデオ・DVD    家庭教師    商店街
            テレビ放送    個別指導
          映画館          学習塾    青空市場
                         学校
```

図 E.2　商品・サービスのパーソナル化動向

イズされた製品やサービスを望む傾向が強い（図 E.2）．

　以下は，いくつかの例である．

（1）通　　信

　世の中に初めて電話が現れたとき，公衆電話しかなかったが，何十年もすると，各家庭に設置されるようになった．そして現在，21 世紀では携帯電話が主流である．

（2）コンピュータ

　デジタル計算機として出現したとき，コンピュータは 1 台で大きな専用室を一つ占有したものである．その後，ミニコンピュータ，デスクトップコンピュータ，ノートパソコン，そして，いまではウェアラブル PC も販売されるようになった．

（3）音　　楽

　モーツアルトの時代，音楽を楽しむには，人々は演奏会や劇場に出かけるしかなく，ごく少数の富裕層の特権であった．その後，エジソンの蓄音機，ステレオ技術，そして「ウォークマン」が発明された．しかし，これでもまだパーソナル化したとはいえなかった．人々は，レコード，音楽テープ，そして CD という生産者が用意した音楽集を買うしかなかった．その後，テープや CD で

編集が可能になり，いまや「iPod / iTune」によって，消費者も個人用にカスタマイズされた音楽集を楽しむことができるようになった．

このほかにも健康産業，フィットネス，警備など，例はいくらでもある．この傾向を特徴づけるのは，システムとしての商品の無定形性である．これら製品やサービスは，ハードウェア(たとえば，iPod 自体)を必要とするのはもちろんであるが，ソフトウェア(たとえば，iTune)や接続性(インターネットからのダウンロード)など，ほかの要素も不可欠なのである．この無定形商品を提供することのチャレンジの一つに，1 社では必要なものすべてを提供できないことである．社会に新しい価値をもたらすには，ほかの組織と協力しながら事業に当たることが必要になる．

E.3　グローバルサプライチェーン上の製品構造とプラットフォーム設計

前節で述べたように，社会に新しい価値をもたらすことは，長期ビジョンとバリューチェーンパートナーとのグローバルなパートナーシップが求められる．製品の基本構造を製品プラットフォームと呼ぶこともあるが，これを様々な世界市場の各ニーズに合わせて，多様な製品を開発，それも素早くできるよう構築することが重要である．

私たちの価値づくり設計の講座では，多様性設計としてこれを教えている．しかしながら，開発途上国(中国，インド，ブラジル，ロシアなど)の，市場やサプライチェーンへの参画は，この製品の基本構築をさらに複雑なものにしている．材料の枯渇を避ける環境保護やそのコストに対する考慮は，製品開発をさらに複雑化するものである．

このように，私たちの価値づくり設計が，将来，講座に取り入れなければならない課題は山積みである．しかしながら，前もっての計画，高品質の実行や評価，それにたゆまない改良という手法の基本は変わらないというのが筆者の信念である．私たちは，この考え方を自らの講座に適用し，提供する学習教材の高品質と社会での優位性を確保し続けるものである．

石井 浩介

参 考 文 献

1) Boothroyd, G. and Dewhurst, P., Design for assembly : a Designer's Handbook, Boothroyd Dewhurst Inc., Wakerfield, Rhode Island (1983).
2) Sturges, R., and Kilani, M., "Towards an Integrated Design for an Assembly Evaluation and Reasoning System", Computer-Aided Design, Vol. 24, No. 2 (1992) pp. 7-78.
3) Miyakawa, S., et. al., "The Hitachi New Assemblability Evaluation Method (AEM)", Trans. of the North American Mfg. Res., Institution of SME (1990) p. 352.
4) Poli, C., Graves, J., and Sunderland, J. E., "Computer-Aided Product Design for Economical Manufacture", ASME Computers in Engineering, Vol. 1 (1988) pp. 23-37.
5) Dixon, J. R., "Designing with Features : Creating and Using a Features Database for Evaluation of Manufacturing of Castings", ASME Computersin Engineering, Vol. 1 (1986) pp. 285-292.
6) Taguchi, G, Taguchi on Robust Technology Development : Bringing Quality Engineering Upstream, ASME Press, New York (1993).
7) Birolini, A., Design for Reliability, in Kusiak, A. (ed.), Concurrent Engineering : Theory and Practice, John Wiley, New York (1992) pp. 307-347.
8) Ormsby, A., Hunt, J. and Lee, J, Towards and automated FMEA assistant, in Applications of Artificial Intelligence in Engineering VI, Rzevski, G., and Adey, R. (eds.) Computational Mechanics Publications, Southampton, UK (1991) pp. 739-752.
9) Gershenson, J. and Ishii, K., Design for Serviceability, in Kusiak, A. (ed.), Concurrent Engineering: Theory and Practice, John Wiley, New York (1992) pp. 19-39.
10) US Environmental Protection Agency Life-cycle Assessment: Inventory Guidelines and Principles, EPA Report No. EPA/600/R-92/245, Office of Research and Development, Washington D. C. (1993).
11) Allenby, B. R., Design for Environment : A tool whose time has come, SSA Journal, Vol. 12, No. 9 (1991).
12) Burke, D., Beiter, K. and Ishii, K., Life-cycle Design for Recyclability, Proceedings of the ASME Design Theory and Methodology Con., Scottsdale,

AZ, DE-Vol. 42 (1992) pp. 325-332.
13) Marks, M., Eubanks, C. and Ishii, K., "Life-cycle Clumping of Project Designs for Ownership and Retirement", Proc. Of the ASME Design Theoryand Methodology Conference, Albuquerque, NM, ASME DE-Vol. 53 (1993).
14) Alting, L., Life-Cycle Design of Products : "A New Opportunity for Manufacturing Enterprises", in Kusiak., A. (ed.), Concurrent Engineering : Theory and Practice, John Wiley, New York (1992) pp. 1-17.
15) Hauser, J. and Clausing, D., "The House of Quality", Harvard Business Review, Vol. 66, No. 3 (1988) pp. 63-73.
16) Burchill, Gary, "Concept Engineering : An Investigation of Time vs. Market Orientation in Product Concept Development", Massachusetts Institute of Technology, Ph. D. Thesis (1993).
17) Center for Quality of Management, Inc., "Kano's Methods for Understanding Customer-defined Quality", in Center for Quality of Management Journal, Vol. 2, Number 4 (1993) pp. 3-36.
18) Ulrich, K. T. and Eppinger, S. D., Methodologies for Product Design and Development, Mc Graw-Hill (1994).
19) Taylor, F. W., The Principles of Scientific Management, 1911, Harper and Brothers Publishers.
20) Malloy, R. A., Plastic Part Design for Injection Molding, Hanser Publishers, New York (1994).
21) Menges, G., Michaeli, W., Mohren, P., How to Make Injection Molds (3rd Edition), Hanser Gardner (2001).
22) Beiter, K. A., and Ishii, K., "Incorporating Dimensional Requirements into Material Selection and Design of Injection Molded Parts", Proceedings of the SPE 55th Annual Technical Conference, Volume 43, Toronto, Canada.
23) Beiter, K. A., and Ishii, K., "System Cost Based Material Selection For Engineering Thermoplastics", 1997 ASME Design Engineering Technical Conference-Computers In Engineering Conference, September 1997, Sacarmento, CA.
24) Dixon, J. R. and Poli, C., Engineering Design and Design for Manufacturing, Field Stone Publishers (1999).

あとがき

　私が石井浩介 教授と出会ったのは，1986年秋，スタンフォード大学 機械工学科設計部門の修士課程に入学したときである．社会人を2年経験した後，再び学生生活に戻ったわけであったが，日本での高等教育とは大きく違っていた．

　とりわけ設計部門はユニークな教授が多く，工学の授業を受けながら，スタンフォードの風人生哲学を教えられているかのようだった．基礎体力が大事ということで，学部の体育系授業が単位になり，また創造性を育むということで，靴と靴下を脱いでキャンパス内を徘徊し，目をつぶって相方に手を引いてもらうということもやった．しかし，これが『ゆとりある教育』と勘違いしてはいけない．

　授業は厳しく，修士を1年で終えることも可能だが，そのためには週7日，1日24時間，学校に関することに集中していなければならない．あるとき，授業が終わってからすぐ課題に取り掛かり，徹夜になってそのまま翌日の授業を受け，家に戻ってから課題の続きをやり始めたら，いつの間にかまた夜が明け，提出日にようやく間に合わせたこともある．きれいなキャンパスと，通信教育のための充実した設備だけを見学しただけでは本当の姿は見えない．アメリカの一流大学での学生生活がどういうものか，実際に学位を取る目的で在籍し，宿題に追われる体験をしてみないとわからないだろう．

　修士課程を何とか卒業し，社会人に戻った私は，スタンフォードでの学習が忘れられず，1年後に今度は博士候補生として戻った．石井教授はすでに卒業され，オハイオ州立大学で教鞭を取られていた．私の博士課程在籍中，また学位取得後にも行き来があり，石井教授がスタンフォード大学に呼び戻されてからは，特に価値づくり設計に関するイベントに参加するようになった．日本の一流企業も受講していたが，スタンフォード大学の社会人教育講座が提供する受講形態に人を送り込めるのは，余裕ある一流企業でないとかなり難しいという実態がわかった．

　いま，この価値づくり設計の講座で教えている内容を必要としているのは，日本の一流企業の社員もそうだが，むしろ中企業や大企業の中でも受講するだ

けの余裕のないところではないかと思った．日本での講座開講も試みたが，スタンフォード大学へのライセンス料と日本での講師費用の二重苦，さらに工学系大学院レベルの授業であるから，それなりの工学や数学，物理の基礎知識が要求され，なかなか思うように成果が上がらなかった．

　講義 DVD も英語，教材も英語という環境が，さらにこの価値づくり設計を学ぶハードルを高くしていた．そこで，副読本の内容だけでも日本語にし，学習したいと思っている人たちにこの講座がどういうものであるかを知ってもらおうと考え，石井教授と共同でこの本を世に送り出すことにした．

　苦しくなると，とかく精神論に頼ってしまう日本である．世界人口の動向を見ても，社会生活のレベルを向上させるには，これからは国際競争がますます激しくなるだろう．頑張れば報われるという平和な時代は，もう終わっていると思わなければならない．サムライ社会を引きずって拭えないなら，それとうまく共存しながら，しかしほかの国ではどうやって社会に価値を生み出しているか，それを学ばなければならないときがきている．この本が，そのための一助となれば幸いである．

2007 年 12 月 9 日

飯野 謙次

索 引

ア 行

アンケート調査 · · · · · · · · · · · · · · · · · 38
インタビュー · · · · · · · · · · · · · · · · · · · 38

カ 行

価値工学 · 26
価値づくり設計 · · · · · · · · · · · · · · · · · · 3
狩野グラフ · 48
狩野効果 · 48
環境のための設計 · · · · · · · · · · · · · · · 7
観察 · 39
間接コスト · 65
キーとなる工程 · · · · · · · · · · · · · · · · · 40
機能・構造対応図 · · · · · · · · · · · · · · · 34
機能解析 · · · · · · · · · · · · · · · · · · · 27, 32
機能設計図 · 28
機能の木 · 33
機能ブロック図 · · · · · · · · · · · · · · · · · 28
組立コスト · 65
組立性設計 · 65
組立性のための設計 · · · · · · · · · · 5, 73
組立性評価 · 79
組立手順線図 · · · · · · · · · · · · · · · · · · · 78
クメンタ(Kmenta)の保守性チャート
· 88
経営陣 · 11
結合分析 · 38
工学尺度 · · · · · · · · · · · · · · · · · · · 30, 40
構造的手法 · 14
構造の木 · 33
工程計画 · 39
顧客価値連鎖分析 · · · · · · · · · · · · · · · 20
顧客ニーズ · 38
顧客の声 · · · · · · · · · · · · · · · 21, 37, 40
コスト解析 · 64

コストワース比 · · · · · · · · · · · · · · · · · 68
コンカレントプロセス(同時処理) · · 11
コンピュータ支援設計 · · · · · · · · · · · · 6

サ 行

最大Y(biggest Y) · · · · · · · · · · · · · · · 92
サプライチェーン · · · · · · · · · · · · · · · 37
サプライチェーンのための設計 · · · · 89
射出成形 · 82
生涯価値 · 26
使用終了のための設計 · · · · · · · · · · · · 7
正味現在価値 · · · · · · · · · · · · · · · 93, 96
信頼性設計 · 6
スコアカード法 · · · · · · · · · · · · · · · · · 92
制御要因(X) · · · · · · · · · · · · · · · · · · · 92
生産計画 · 39
生産性設計 · 1
製造性設計 · 81
製造性のための設計 · · · · · · · · · · · · · · 5
製品定義 · 51
製品定義アセスメントチェックリスト
· 60
製品投入時期 · · · · · · · · · · · · · · · · · · · 93
製品ベンチマーク · · · · · · · · · · · · · · · 47
製品要求 · 40
設計審査会 · 26
相対コスト · 69
相対ワース · 69

タ 行

ターゲット市場 · · · · · · · · · · · · · · · · · 37
多様性設計 · 66
デザインレビュー · · · · · · · · · · · · · · · 26
デザインレビュー(設計審査) · · · · · · 4
投資・売上等価時期 · · · · · · · · · · · · · 93
投資回収率 · 93

索 引

ナ 行

ネガティブフィードバック ……… 39
ノイズ(V) …………………… 92

ハ 行

パーソナル化 ………………… 101
バリューグラフ ……………… 27, 29
パレートの法則 ……………… 67
ビジネスレビュー …………… 52
ヒューマンファクター ………… 4
品質機能展開 ………………… 7, 39
品質定義 ……………………… 39
品質定義の家 ………………… 40
不具合影響解析 ……………… 6
複雑系設計 …………………… 72
部品開発 ……………………… 39
部品開発の家 ………………… 45
部品効率 ……………………… 79
部品コスト …………………… 64
部品特性 ……………………… 40
不平や不満 …………………… 39
ブレーンストーミング ………… 31
プロジェクト優先マトリックス … 56
米国環境保護庁 ……………… 6
変更可能時期 ………………… 16
保守性のための設計 ………… 6, 87

マ 行

目標(Y) ……………………… 92

ラ 行

ライフサイクルコストのための設計
    ……………………………… 88
ライフサイクル評価 …………… 6
ライフサイクル品質 …………… 3
ライフタイムバリュー ………… 26
レパートリーグリッド法 ……… 38
ロバスト設計 ………………… 6

英 語

AR(Assembly Rating) ………… 79
BET(BreakEven Time) ………… 93
CAD(Computer Aided Design) …… 6
Conjoint Analysis ……………… 38
CVCA(Customer Value Chain Analysis)
    ……………………………… 20
DFA(Design for Assembly)
    …………………………… 5, 65, 73
DFE(Design for Environment) …… 7
dfM(Design for Manufacturability)
    …………………………… 1, 3
DFP(Design for Producibility) …… 5
DFPR(Design for Product Retirement)
    ……………………………… 7
DFS(Design for Serviceability) …… 6
DFV(Design for Variety) ……… 66
EPA(Environmental Protection Agency)
    ……………………………… 6
FBD(Functional Block Diagram) … 28
FMEA ………………………… 6
Functional Analysis …………… 27
Functional Design Diagram …… 28
KJ法 ………………………… 31
LCA(Life Cycle Assessment) …… 6
NPV(Net Present Value) …… 93, 96
PE(Part Efficiency) …………… 79
QFD(Quality Function Deployment)
    …………………………… 7, 39
Relative Cost ………………… 69
Relative Worth ……………… 69
Repertory Grid Technique …… 38
ROI(Return on Investment) …… 93
TTM(Time to Market) ………… 93
VE(Value Engineering) ……… 26
VOC(Voice of the Customer)
    …………………………… 21, 37

― 著者略歴 ―

石井浩介（いしい こうすけ）
1980 年　上智大学理工学部機会工学科卒業
1982 年　スタンフォード大学機械工学科 MS 取得
1983 年　東京工業大学制御工学専攻修士課程修了
1983 年　東芝府中工場発電制御開発課入社
1987 年　スタンフォード大学機械工学科 Ph.D.取得
1988 年〜94 年　オハイオ州立大学機械工学科　助教授，准教授，正教授
1994 年〜　スタンフォード大学機械工学科　准教授、正教授
　　　　　生産モデリング研究室長、サプライチェーンフォーラム共同代表
2001 年　スイス連邦工科大学ローザンヌ校 客員教授
2008 年　慶応義塾システムマネジメント大学院 訪問教授
　　　　　日本機械学会正員，ASME フェロー，日本学術会議連携会員

飯野謙次（いいの けんじ）
1982 年　東京大学工学部産業機械工学科卒業
1984 年　東京大学大学院工学系研究科修士課程修了
1984 年　General Electric 原子力発電部門入社
1992 年　Stanford University 機械工学・情報工学博士号取得
1992 年　Ricoh Corp. Software Research Center, Division Manager
2000 年　SYDROSE LP 設立，General Partner 就任（現職）
2002 年　特定非営利活動法人 失敗学会 副会長

設計の科学 価値づくり設計		ⓒ 飯野謙次　2008
2008 年 4 月 14 日	第 1 版第 1 刷発行	
2011 年 4 月 25 日	第 1 版第 2 刷発行	
2018 年 10 月 31 日	ＯＤ版第 1 刷発行	
2022 年 2 月 17 日	第 1 版第 3 刷発行	

著 作 者	石井浩介
	飯野謙次
発 行 者	及川雅司
発 行 所	株式会社 養賢堂
	〒113-0033
	東京都文京区本郷 5 丁目 30 番 15 号
	電話 03-3814-0911 ／ FAX 03-3812-2615
	https://www.yokendo.com/
印刷・製本：株式会社 真興社	用紙：竹尾
	本文：淡クリームキンマリ 46.5 kg
	表紙：ベルグラウス -T・19.5 kg

PRINTED IN JAPAN　　ISBN 978-4-8425-0434-6　C3053

|JCOPY|＜出版者著作権管理機構 委託出版物＞

本書の無断複製は著作権法上での例外を除き禁じられています。複製される場合は、そのつど事前に、出版者著作権管理機構の許諾を得てください。
（電話 03-5244-5088、FAX 03-5244-5089 ／ e-mail: info@jcopy.or.jp）